骆驼黄

甘玉

红丰

新世纪

金星

子荷杏

早金丰

秦杏 1 号

二转子

早橙

硕光

香白

铁八达

张公元

仰绍黄杏

华县大接杏

冀光

兰州大接杏

巴斗杏

串枝红

金太阳

凯特杏

龙王帽

优一（杨建民提供）

杏优良品种及无公害栽培技术

赵习平　主编

中国农业出版社

内 容 提 要

本书针对我国杏生产中存在的问题，以食品无公害生产的农业部行业标准为起点，以大量实践和调研结果为素材，在对杏的优良品种、优质生产的生物学基础、杏树生长的环境条件进行详细介绍后，介绍了优质杏苗的培育、无公害杏园的建立、土肥水管理、花果管理、整形修剪、病虫害防治，为延长供应期，减少损失，增加附加值，最后介绍了杏果的采收、贮运、保鲜和加工。以供广大果农、同行、果品经营者、农林院校相关专业的学生参考。

主　编　赵习平

副主编　刘铁铮

编　者　马文会　王二柱　王丽娟　刘铁铮
　　　　李荣科　李素荣　孟庆瑞　赵习平
　　　　张红芹　张晓曼　唐焕英　温林柱
　　　　董志梅

顾　问　李良瀚

前　言

杏外观美，风味佳，成熟早，是我国人民喜爱的时令水果之一，在初夏水果市场上占有重要的位置。杏果实营养丰富，含有多种有机成分和人体必需的维生素及无机盐类，是一种营养价值较高的水果。杏果中含有较多的β-胡萝卜素，能有效地阻止肿瘤形成；可明显延缓细胞机体衰老，杏属于低热量、多维生素的长寿型膳食果品。多食杏果，可降低血液黏稠度，有利于脑血管疾病的恢复。苦杏仁含有丰富的维生素 B_{17}，能抑制某些种类的癌症或杀死癌细胞，并有预防癌症的作用。杏果还特别适宜深加工，其加工品糖水杏罐头、杏脯、杏酱、杏汁、杏干等深受国内外市场的欢迎，杏脯、杏仁等是我国的传统出口产品。杏树抗寒、抗旱、耐瘠薄、耐盐碱，是防风治沙、绿化荒山、改善生态环境的先锋树种。

我国是杏的原产国，人们取食杏果的历史已有 5 000～6 000 年之久，有记载的栽培历史也有 3 500 年以上，杏是我国的传统果树之一。杏树在我国分布广泛，近年来随着各项农村政策的落实，特别是商品经济的发展，我国的杏树生产呈现了一个良好的发展势头，栽培面积和产量都在不断增加。我国杏的资源丰富，无论是资源的数量还是质量，均居世界首位。我国杏的栽培，在经历了漫长的实生变异、自然选择和人工选择等后，创造了大量具有各种特异性状的优良品种。

与世界先进国家相比，我国杏的栽培还较落后。栽培方式分散、落后；品种结构不合理，加工业滞后；管理粗放，果品质量差，产量低而不稳；单纯追求效益；偏施化肥，农药使用还不够科学合理，有的果园甚至用污水灌溉，对果树的生态环境造成了一定程度的破坏；品牌意识不够，果品分级不够严格，产品包装差，缺乏市场竞争力。

我国生产的果品大多数还未达到无公害要求，因而对人民身体健康构成了潜在威胁，也制约着我国果品的国际竞争力。无公害果品生产规范了农药、化肥、灌溉水的使用，有利于果实品质的提高和生态环境的改善。无公害果品生产是满足人们绿色消费的需要，也是突破“绿色壁垒”，参与国际竞争的需要。

本书以生产无公害杏为总目标，结合作者长期的科研、生产实践经验和体会，并借鉴国内外无公害生产的研究成果和生产经验编写而成。本书的编写力求材料翔实、成果新颖、图文并茂、通俗易懂，希望能为推动我国杏无公害生产尽微薄之力。

在该书的编写过程中，得到了河北省农林科学院石家庄果树研究所原所长李良瀚研究员等同志的大力支持和帮助，在此致于衷心的感谢。

由于作者水平所限，本书中错误和不当之处在所难免，敬请读者批评指正。

编　者

2009年1月

目录

前言

第一章 概述 …… 1

一、栽培杏树的经济意义 …… 1
二、杏树栽培现状 …… 3
（一）世界杏树栽培现状 …… 3
（二）我国杏树栽培现状 …… 4
三、发展无公害杏的重要性 …… 7
（一）无公害食品、绿色食品与有机食品 …… 7
（二）发展无公害杏的重要性 …… 8
四、无公害杏的质量标准 …… 9
（一）无公害杏的感官要求 …… 9
（二）无公害杏的安全卫生要求 …… 10

第二章 杏优良品种 …… 11

一、肉用杏品种 …… 11
（一）极早熟品种 …… 11
（二）早熟品种 …… 17
（三）中熟品种 …… 24
（四）晚熟品种 …… 33
（五）极晚熟品种 …… 41
（六）加工品种 …… 41
（七）保护地栽培品种 …… 44

二、仁用杏品种 …… 47

第三章 杏优质栽培的生物学基础 …… 54

一、杏树的主要器官及生长发育特性 …… 54

（一）根系 …… 54

（二）枝干 …… 56

（三）芽 …… 60

（四）叶片 …… 64

（五）花和果实 …… 65

二、杏树生长发育周期 …… 71

（一）生命周期及特性 …… 71

（二）年生长周期及特性 …… 73

第四章 杏树对环境条件的要求 …… 74

一、温度 …… 74

二、水分 …… 75

三、光照 …… 76

四、土壤 …… 77

第五章 优质杏苗的培育 …… 79

一、嫁接苗培育 …… 79

（一）砧木苗培育 …… 79

（二）嫁接苗培育 …… 83

二、苗木出圃 …… 89

（一）起苗和分级 …… 89

（二）苗木检疫与消毒 …… 90

（三）苗木包装、运输与假植 …… 91

第六章 无公害杏园的建立 …… 92

一、园地选择 …… 92

（一）根据杏树的特性选择园地 …… 92
（二）根据经营的性质选择园址 …… 93
（三）杏园环境条件要符合无公害果品生产要求 …… 93
二、园地规划与土壤改良 …… 95
（一）园地规划 …… 95
（二）土壤改良 …… 97
（三）品种选配 …… 98
三、栽植密度与方式 …… 99
（一）栽植密度 …… 99
（二）栽植方式 …… 99
四、栽植技术 …… 100
（一）栽植时期 …… 100
（二）栽植方法 …… 101

第七章　杏园的土肥水管理 …… 105

一、土壤管理 …… 105
（一）深翻与整修树盘 …… 105
（二）果园生草 …… 107
（三）果园覆盖 …… 111
（四）合理间作 …… 112
二、合理施肥 …… 113
（一）营养元素的作用及缺素症 …… 113
（二）肥料的种类及性质 …… 118
（三）生产无公害杏的施肥原则 …… 120
（四）杏树生长发育的需肥特点 …… 122
（五）施肥技术 …… 122
三、科学灌水 …… 129
（一）杏树的需水特点 …… 130
（二）灌水时期 …… 130

（三）灌水方法 …………………………………………………………… 131

第八章　花果管理 ………………………………………………………… 133

一、花期霜冻的预防 …………………………………………………… 133

二、花果管理 …………………………………………………………… 134

（一）保花保果 …………………………………………………………… 134

（二）植物生长调节剂的应用 …………………………………………… 138

（三）疏果 ………………………………………………………………… 139

第九章　杏树整形和修剪 ………………………………………………… 141

一、整形修剪的原则和依据 …………………………………………… 141

（一）整形修剪的原则 …………………………………………………… 141

（二）整形修剪的依据 …………………………………………………… 143

二、杏树的整形 ………………………………………………………… 144

（一）疏散分层形 ………………………………………………………… 144

（二）自然圆头形 ………………………………………………………… 146

（三）自然开心形 ………………………………………………………… 147

（四）延迟开心形 ………………………………………………………… 148

（五）杯状形 ……………………………………………………………… 150

三、杏树的修剪 ………………………………………………………… 151

（一）杏树修剪的时期和方法 …………………………………………… 151

（二）不同年龄时期杏树的修剪 ………………………………………… 155

（三）其他类型杏树的修剪 ……………………………………………… 159

第十章　杏主要病虫害无公害防治技术 ………………………………… 163

一、杏病虫害无公害防治应坚持的原则 ……………………………… 163

二、无公害农药的种类和性质 ………………………………………… 163

三、无公害生产的用药规范 …………………………………………… 164

四、杏主要病害及无公害防治技术 …………………………………… 165

（一）细菌性穿孔病 …… 165
（二）杏疔病 …… 166
（三）焦边病 …… 167
（四）流胶病 …… 168
（五）杏褐腐病 …… 169
（六）杏疮痂病 …… 170
（七）根腐病 …… 171
五、杏主要虫害及无公害防治技术 …… 173
（一）杏球坚蚧 …… 173
（二）桑白蚧 …… 174
（三）龟蜡蚧 …… 176
（四）红颈天牛 …… 177
（五）小蠹虫 …… 178
（六）山楂红蜘蛛 …… 180
（七）桃蚜 …… 181
（八）舟形毛虫 …… 182
（九）天幕毛虫 …… 183
（十）东方金龟子 …… 184
（十一）杏仁蜂 …… 185
（十二）杏象甲 …… 186
（十三）桃小食心虫 …… 187
（十四）桃蛀螟 …… 189

第十一章　杏果的无公害采收、贮运、保鲜和加工 …… 191

一、采收 …… 191
（一）采收时间 …… 191
（二）采收方法 …… 193
二、杏果的分级、包装和运输 …… 194
（一）选果场地 …… 194

（二）分级 …… 194
（三）包装 …… 194
（四）运输 …… 195
三、杏果的贮藏保鲜 …… 196
（一）杏果贮藏保鲜的意义 …… 196
（二）影响杏果贮藏保鲜的主要因素 …… 196
（三）贮藏环境要求和卫生管理 …… 197
（四）贮藏方法 …… 197
四、杏果的加工 …… 201
（一）杏脯 …… 201
（二）糖水杏罐头 …… 203
（三）杏话梅 …… 205
（四）杏干 …… 206
（五）杏酱 …… 207
（六）杏汁 …… 208
五、杏仁的加工 …… 209
（一）杏仁罐头 …… 209
（二）杏仁露（乳） …… 210
（三）杏仁粉 …… 211

附表 1 常用有机肥的主要养分含量、性质及施用要点 …… 213
附表 2 无公害果品限量使用化肥的有效成分含量及性质 …… 214
附表 3 常用微量元素肥料的含量和溶解性 …… 216
附表 4 无公害杏病虫害防治历 …… 217

主要参考文献 …… 219

第一章 概 述

一、栽培杏树的经济意义

1. 结果早，经济效益高　杏外观美，风味佳，成熟早，是我国人民喜爱的时令水果之一，在初夏水果市场上占有重要的位置，价格稳中有升。杏树结果早，定植后第二年就可以结果，早期产量高，可以较早获得收益。杏的盛果期年限长，盛果期株产一般可达100～200千克，高产树可达500千克以上。杏树管理比较容易，投资较少。

2. 营养丰富，医疗效能高　杏果实营养丰富，含有多种有机成分和人体必需的维生素及无机盐类，是一种营养价值较高的水果。据分析，每100克杏肉含糖10克、蛋白质0.9克、胡萝卜素1.79毫克、核黄素0.03毫克、硫胺素0.02毫克、尼克酸0.6毫克、抗坏血酸（维生素C）7毫克、钙26毫克、磷24毫克、铁0.8毫克。杏仁中除含有大量的有机物质外，也含有无机盐类及多种维生素，每100克含蛋白质27.7克、脂肪51克、糖类9克，磷385毫克、铁7毫克、钙111毫克。甜杏仁是一种高级食品和食品原料。

杏果中β-胡萝卜素的含量为各种水果之首，约为苹果的22.4倍、梨的179倍、葡萄的44.8倍、桃的29.8倍，因此被世界卫生组织评为十大最有利健康水果中的第二名。研究表明，胡萝卜素在阻止肿瘤形成方面比维生素A更有效力，还有明显

延缓细胞机体衰老的作用。中医认为杏性甘酸，微温，润肺定喘，生津止渴，祛痰，清热解毒。鲜杏和杏干都属于低热量、多维生素的长寿型膳食果品。多食杏果，可降低血液黏稠度，有利于脑血管疾病的恢复。苦杏仁具有药用价值，国际医药界发现杏仁含有的丰富的维生素 B_{17}，能抑制某些种类的癌症或杀死癌细胞，并有预防癌症的作用。食用杏果能健康长寿，如南太平洋岛国斐济的国民有吃杏干的习惯，结果该国不但无一人患癌症，而且寿命均很长，具有“长寿之国”的美称；喜马拉雅山南麓洪扎族居民也喜欢吃杏干，该地区的人们同样很少患癌症。

3. 用途广泛，加工潜力大　杏果不但可以鲜食，还特别适宜深加工，可以加工成糖水杏罐头、杏脯、浓缩杏浆（酱）、杏汁、杏干、杏话梅、杏青梅、果丹皮和青红丝等，杏仁可以加工成杏仁粉、杏仁露、杏仁茶、杏仁奶、杏仁霜、杏仁罐头、杏仁油、杏仁酪及各种杏仁点心等，还是制作五香杏仁和八宝酱菜的原料。杏仁油不仅是优良的食用油和高级的润滑油，还可作油漆涂料、优质香皂及化妆品的原料。杏壳可烧制成活性炭，是重要的工业原料。此外，杏树木材也有多种用途，因其色红质坚，可加工成多种美观的小木器，树皮还可以提取单宁和杏胶。杏叶是很好的饲料。

杏肉及杏仁的各种加工品有着广阔的国内外市场，产品价格一直居高不下。北京的杏脯、新疆的包仁杏干，早已驰名中外。杏汁、杏仁露也是市场的俏销货。我国出口的杏浆（酱）在欧美等市场上备受欢迎，仅新疆的浓缩杏浆（酱）的出口量就占世界市场的30%～35%，因此，我国是世界杏浆（酱）的第一大生产与出口国。杏罐头则因其包装受马口铁质量影响因而转为出口大量的速冻杏瓣。杏脯在澳大利亚、日本及东南亚也极为畅销，20世纪80年代初出口1吨杏脯可创汇1.1万美元。但目前无糖或低糖杏脯的市场看好。据业内人士介绍，国际杏干（脯）市场极大，有多少要多少，供不应求。我国出口的杏仁占国际市场的

80%以上，为国家换回了大量外汇。据统计，1993—1997年我国出口杏仁总量为56 880.4吨，其中甜杏仁4 417.5吨、苦杏仁52 462.9吨；各年杏仁的出口量和价格见表1-1。又据深圳丰达贸易公司资料，我国杏仁出口2000年为1 500吨，2002年上升至2 000吨，2003又升至2 500吨，2004年达3 000吨。苦杏仁吨价为1.5万元左右，甜杏仁吨价3.6万元，其创汇率高于其他干果。

表1-1 1993—1997年我国出口杏仁数量与价格

年度	甜杏仁		苦杏仁	
	数量（吨）	价格（元）	数量（吨）	价格（元）
1993	610.2	26 740	7 443.2	12 610
1994	846.3	34 360	8 382.4	15 200
1995	1 095.1	35 870	17 889.4	14 630
1996	928.6	33 080	11 224.1	16 550
1997	937.3	34 670	7 523.8	17 290
合计	4 417.5		52 462.9	

4. *杏树是改善生态环境的优良树种*　杏树的适应性强，抗寒、抗旱、耐盐碱、耐瘠薄，不但可在平原沃土地发展，还适宜在山地、丘陵和沙荒地种植，是防风治沙、绿化荒山的先锋树种。大面积发展杏树，在增加经济效益的同时，还可起到防止水土流失、减少风沙危害、改善生态环境、美化家园的作用。

二、杏树栽培现状

（一）世界杏树栽培现状

杏是世界性水果之一，全世界除南极以外，自北纬50°至南纬45°之间均有杏的分布。近20多年来，世界杏的面积和产量呈现总体上升的趋势（表1-2）。据《2006年联合国粮农组织生产年鉴》报道，2005年全世界杏树面积为43.458 1万公顷，产量为282.122 3万吨。面积超过1万公顷的国家有土耳其（6.4万公顷）、阿尔及利亚（4万公顷）、伊朗（3.2万公顷）、巴基斯坦

(2.9 万公顷)、意大利(1.928 7 万公顷)、西班牙(1.909 8 万公顷)、中国(1.9 万公顷)、法国(1.48 万公顷)、突尼斯(1.3 万公顷)、叙利亚(1.26 万公顷)和摩洛哥(1.249 万公顷);产量超过 10 万吨的国家有土耳其(37 万吨)、伊朗(28.5 万吨)、意大利(24.404 8 万吨)、巴基斯坦(21.5 万吨)、法国(18.74 万吨)、西班牙(13.28 万吨)和叙利亚(10.1 万吨)。中国杏的产量只有 9 万吨。

表 1-2　世界杏树的面积和产量

项　目	年份				
	1990	1995	2000	2003	2005
收获面积(公顷)	318 614	391 221	390 553	398 893	434 581
产量(吨)	2 175 987	2 095 439	2 779 235	2 529 259	2 821 223

从发展趋势来看，尽管全世界柑橘、苹果、梨、葡萄等水果处于下降、停滞或缓慢发展的状态，但杏的发展却呈现上升趋势。世界杏的栽培方式由稀植大冠向小冠矮化密植发展。整形修剪趋向省工、简化、便于机械操作。有机质主要靠果园生草来解决，施肥趋向于杏树生长需求的饱和量。灌水多采用节水灌溉方式。病虫害防治以预防为主，尽量维持天敌数量以求生态平衡，减少施用农药次数。杏园的综合管理最大限度地采用机械化，以提高效率，降低成本。杏的采收期确定、质量等级差别要求等越来越严格。杏的加工生产线向系列化、综合化和高度自动化方向发展。

(二)我国杏树栽培现状

1. 我国杏的栽培与分布现状　我国是杏的原产国，人们取食杏果的历史已有 5 000～6 000 年之久，有记载的栽培历史也有 3 500年以上。据 20 世纪 80 年代国内杏树资源考察结果，我国杏树分布的南界在北纬 23°～28°一带，北界在北纬 39°～48°一带。全国除浙江、福建、广西、云南、广东、海南等省、自治区外，其他省份均有杏树分布，栽培中心在黄河流域的山东、河

北、河南、山西、陕西、甘肃及新疆、辽宁等省、市、自治区，栽培面积和产量均占全国的90%以上。

20世纪80年代初以来，随着各项农村政策得到落实，特别是商品经济的发展，我国的杏树生产呈现了一个良好的发展势头。国家在资源调查、品种引进、区域化试验、栽培及加工技术研究的基础上，开展了大面积良种开发与推广工作，北京、河北、河南、山东、山西、陕西、甘肃和新疆等省、市、自治区先后建成了大规模的商品杏生产基地，杏的面积和产量呈逐年增加的趋势（表1-3）。目前，各主产省鲜杏的生产情况见表1-4，各主产省仁用杏的生产情况见表1-5。

表1-3　全国杏（鲜食、加工杏）面积与产量

项　目	1985年	1989年	1996年	2003年	2005年
面积（万公顷）	6.6	13.5	18.0	26.9	35.9
产量（万吨）	23.0	42.7	65.5	101.0	144.9

注：本表中的数值比联合国粮农组织的统计值大，原因可能是虽然我国杏总产高，但商品产量很低。

表1-4　各主产省鲜食与加工杏面积与产量

（2005年，中国园艺学会李杏分会）

地区	面积（公顷）	结果面积（公顷）	产量（吨）	地区	面积（公顷）	结果面积（公顷）	产量（吨）
黑龙江	100		400	甘肃	28 000	24 000	8 000
吉林	1 800	1 400	7 500	新疆	134 857	90 758	681 883
辽宁	12 293	7 493	49 000	河南	15 600	9 500	35 600
内蒙古	13 000	6 000	32 000	江苏	2 226		6 274
北京	7 125	4 988	21 178	四川	1 200		3 500
河北	77 030	45 000	180 000	贵州	761	534	1 918
山东	30 000		255 370	湖北	300	250	90
山西	29 700	15 000	72 600	湖南	51	40	750
陕西	3 500	3 200	45 000	合计	359 143		1 449 063
宁夏	1 600	1 600	48 000				

表 1-5　各主产省仁用杏面积与产量

（2005 年，中国园艺学会李杏分会）

地区	甜杏仁 面积（公顷）	甜杏仁 结果面积（公顷）	甜杏仁 产量（吨）	地区	苦杏仁 面积（公顷）	苦杏仁 结果面积（公顷）	苦杏仁 产量（吨）
黑龙江	200			黑龙江	900		
吉林	800	50	5	吉林	8 000	5 000	200
辽宁	39 807	3 918	1 258	辽宁	53 545	28 000	1 000
内蒙古	7 000	5 000	700	内蒙古	1 000 000	400 000	50 000
北京	11 351	7 945	7 970	北京	11 363	10 872	843
河北	136 860	56 000	8 552	河北	327 542		16 699
山西	40 000	13 000	1 000	陕西	80 850	21 060	1 580
陕西	25 000	2 000	400	宁夏	49 620	24 810	1 500
宁夏	6 667	4 000	1 000	甘肃	5 000	5 000	
甘肃	8 000	6 000	900	新疆	1 100	1 000	100
新疆	2 400	1 800	370	河南	4 000	1 000	700
河南	500	50	50	合计	1 541 920	496 742	72 622
湖北	10	10	20				
合计	278 595	99 773	22 225				

目前，我国约有杏资源 2 000 余份，无论是资源的数量还是质量，均居世界首位。我国杏的栽培，在经历了漫长的实生变异、自然选择和人工选择等后，创造了大量具有各种特异性状的优良品种。其中有果肉肥厚、细嫩多汁、香气浓郁、酸甜程度不同的肉用杏；有成熟后果肉自然干裂、仁大、味甜的甜仁杏及苦仁杏；果皮颜色有红杏、黄杏、白杏和绿杏等；有单果重 100 克以上的极大果重优良品种，也有单果重小于 20 克的小果珍品；有可溶性固形物含量高达 20%左右、果皮光亮无毛的李光杏。各种类型中均有适于鲜（干）食和加工的。有果实发育期仅 50～60 天的极早熟品种，也有发育期在 100 天左右的晚熟品种，还有发育期长达 150～200 天的秋杏、冬杏资源。因为我国杏大都为地方品种，由于长期的地区隔离，其风土适应性较差，因此，各省均有自己的主栽品种。国内品种的共同缺点是花期抗寒性较差，冻花现象时有发生，造成产量低

而不稳。因此，近年来从国外引进了丰产性强的欧洲生态群品种金太阳、凯特等，并已在生产上广泛栽培。

2. 我国杏生产中存在的问题　与世界先进国家相比，我国杏的栽培还较落后。主要表现在以下几个方面：

（1）杏树布局不合理　没有很好地按照品种特性和地域生态特点进行合理的区划，多数果农生产无组织，栽培方式分散、落后，盲目引种现象严重。

（2）品种结构不合理，加工业滞后　生产中用于鲜食的品种多，栽培面积大，从而引起鲜销市场压力过大；加工业不景气，不能满足日益发展的杏树生产的迫切需要。

（3）管理粗放　重栽不重管，夏剪不到位，病虫防治不及时，不疏果或疏果不及时、不到位，果品质量差，产量低而不稳。

（4）单纯追求效益　重产量轻质量，偏施化肥，农药使用还不够科学合理，因而导致果品有害物质的含量超标。

（5）品牌意识不够　果品分级不够严格，产品包装差，缺乏市场竞争力，达不到优质、优价的目的，经济效益低下。

三、发展无公害杏的重要性

（一）无公害食品、绿色食品与有机食品

无公害食品在概念上有广义的无公害食品和狭义的无公害食品之分，广义的无公害食品包括：无污染的农产品、绿色食品、有机食品等。而狭义的无公害食品则是根据农业部“无公害食品行动计划”特指的无公害农产品，即指产地生态清洁，按照特定的技术操作规程生产，将有毒有害物质控制在标准规定限量范围之内的农产品。

1. 无公害果品　无公害果品是指果树的生长环境、生产过程及包装、贮存、运输中未被污染，或虽有轻微污染，但符合国家标准的果品。无公害果品的生产有其严格的标准和程序，主要

包括环境质量标准、生产技术标准和产品质量检验标准，经有关主管部门考查、测试和评定，符合相关标准要求的，方可称为无公害果品。无公害是果品的一种基本要求。

2. 绿色食品　绿色食品指无污染的安全、优质、营养类食品，它是遵循可持续发展原则，按照特定的生产方式生产的，经过专门机构认定，许可使用绿色食品标志的具有严格质量保证的食品。

为了和国际有机农业接轨，自1996年开始，绿色食品制定了分级标准，即A级绿色食品和AA级绿色食品。

（1）AA级绿色食品　即有机食品，系指产地的生态环境质量符合NY/T 391的要求，生产过程中不使用任何有害化学合成的生产资料，按特定的生产操作规程生产、加工，产品质量及包装经检测、检查符合特定标准，并经专门机构认定，许可使用AA级绿色食品标志的产品。

（2）A级绿色产品　是指产地的生态环境质量符合NY/T 391的要求，生产过程中严格按照绿色食品生产资料使用准则和生产操作规程要求，限量使用限定的化学合成生产资料，产品质量符合绿色食品标准，经专门机构认定，许可使用A级绿色食品标志的产品。

（二）发展无公害杏的重要性

1. 保护消费者的健康安全　随着社会进步，我国经济发展日益加快，人民生活水平不断提高，国民的消费观点正在由追求温饱型向质量型转变。科学技术的发展，也使人们对生态环境问题的认识越来越深刻，对工业污染物及药物残留通过食物链传递危害人体健康的认识也越来越清楚。当前，我国生产的果品尚未完全达到无公害要求，因而对人民身体健康构成了潜在威胁。

2. 保护生态环境安全　科学合理地使用化肥、农药和植物激素，可有效提高果品产量和质量。但目前多数果园农药使用还不够科学合理，偏施化肥特别是氮肥，有的果园甚至用污水灌

溉，对果树的生态环境造成了一定程度的破坏，严重影响了果品产量和质量的提高，加重了果品污染，长此下去，会形成恶性循环。无公害果品生产规范了农药、化肥的使用次数或剂量，限制了灌溉水中有害物质的含量，有利于生态环境的改善。

3. *提高产品的市场竞争力*　发展无公害果品生产是满足人们绿色消费的需要，也是突破“绿色壁垒”，参与国际竞争的需要。发展无公害果品生产可以提高产品质量，拓宽产品市场，促进出口创汇。

4. *农业发展的方向和目标*　无公害生产是世界农业的发展方向，是保护环境和发展经济相协调的有效措施，有利于促进农业生产的可持续发展，利于维护和优化农业基础生产条件，是保护环境与发展生产的统一。2001 年 4 月农业部组织实施的“无公害食品行动计划”正式启动，无公害食品作为一项新的任务，摆在了政府和生产、经营以及消费者的面前，成为今后农业生产的一个主要发展目标。

四、无公害杏的质量标准

根据国家发布的适合无公害食品　杏的农业行业标准（NY 5240—2004）的规定，无公害杏应符合以下各项要求。

（一）无公害杏的感官要求

无公害杏的感官要求应符合表 1 - 6 的要求。

表 1 - 6　无公害食品　杏的感官指标

项　　目	指　　标
新鲜度	新鲜，清洁，无不正常外来水分
果形	具有本品种的基本特征，无畸形果
色泽	具本品种采收成熟度时相应的固有色泽
风味	具有本品种固有的风味，无异常气味
果面缺陷	无明显缺陷（包括磨伤、雹伤、裂果等）
病、虫及腐烂果	无

(二) 无公害杏的安全卫生要求

无公害杏的卫生要求包括重金属和农药残留量共 8 项指标(表 1-7)。

表 1-7　无公害食品　杏的安全指标

(单位：毫克/千克)

序号	项　目	指　标
1	铅（以 Pb 计）	≤0.2
2	镉（以 Cd 计）	≤0.03
3	总砷（以 As 计）	≤0.5
4	毒死蜱（chlorpyrifos）	≤1.0
5	氰戊菊酯（fenvalerate）	≤0.2
6	氯氰菊酯（cypermethrin）	≤2.0
7	三氟氯氰菊酯（cyhalothrin）	≤0.2
8	多菌灵（carbendazim）	≤0.5

注：根据《中华人民共和国农药管理条例》，剧毒和高毒农药不得在果树生产中使用。

第二章　杏优良品种

杏的品种按其用途可分为鲜食品种、加工品种、鲜食加工兼用品种和仁用品种；按果实发育时间长短可分为极早熟品种（果实发育期在60天以内）、早熟品种（果实发育期在60～70天）、中熟品种（果实发育期在70～80天）、晚熟品种（果实发育期在80～90天）和极晚熟品种（果实发育期在90天以上）。有的杏品种不但可在露地种植，还适合保护地栽培。

一、肉用杏品种

（一）极早熟品种

1. 骆驼黄

（1）品种来源　原产于北京市门头沟区，为农家品种。

（2）果实经济性状　果实圆形。平均单果重49.5克，最大单果重78.0克；果实纵径4.3厘米，横径4.5厘米，侧径4.5厘米。果顶平圆微凹，梗洼深广；缝合线中深，显著，两侧片肉基本对称。有茸毛。果皮底色橙黄，阳面着1/3暗红晕；果面有茸毛。果实外观鲜艳。果肉橘黄色；软溶质，汁液多，味酸甜；含可溶性固形物11.5%，可溶性糖5.79%～8.48%，可滴定酸2.04%～3.56%，每100克果肉含维生素C 5.24～6.36毫克。黏核或半黏核；仁甜，不饱满。常温下果实可贮放7天左右。在河北省石家庄果树研究所，果实5月下旬成熟，发育期约55～60天。该品种除鲜食外，也可加工成杏罐头、杏汁和杏酱等。

(3) 生长结果习性　树冠自然圆头形，树姿半开张，树势强。1年生枝较粗壮，节间长2.1厘米。花瓣白色，完全花率17%。萌芽率44%，成枝率40%。定植后第二年开始结果，7年生树进入盛果期，7～10年生株产70～100千克，连续结果能力强，以短果枝结果为主。采前落果轻。自花不结实，必须配置适宜的授粉树，可选用串枝红、金太阳、红丰、甘玉、红玉杏等作授粉品种。

(4) 抗性和适应性　该品种较抗寒、抗旱，适应性强。

骆驼黄杏果个中等，色泽鲜艳，果实品质优良，较丰产。可在华北和辽宁南部地区的城镇附近及交通方便的地区大面积发展。

2. 甘玉

(1) 品种来源　系河北省农林科学院石家庄果树研究所1992—2001年从河北省杏资源中选出的极早熟优质鲜食杏新品种。2002年通过河北省林木品种审定委员会审定。

(2) 果实经济性状　果实圆形。平均单果重49.5克，最大单果重65克；果实纵径4.2厘米，横径4.6厘米，侧径4.2厘米。果顶圆平；缝合线浅，显著，片肉不对称；梗洼中深、广。果皮底色黄白，阳面着鲜红晕；斑点少。外观亮丽，洁净。果肉黄白色。肉质细，纤维少，采收成熟度的果实果肉较硬，充分成熟后柔软多汁，味酸甜，香气浓；含可溶性固形物13.04%，总糖7.6%，总酸1.644%，每100克果肉含维生素C 14.8毫克。黏核或离核；仁苦，饱满。可食率96.11%。常温下果实可贮放3～5天。在河北省石家庄果树研究所，果实5月下旬成熟，发育期为56～60天。

(3) 生长结果习性　树冠圆头形，树姿开张，树势中庸。1年生枝细长，节间长1.82厘米。叶片较小。花粉白色。花量小，完全花率较高，自然坐果率29.1%。萌芽率29.73%，成枝力弱。开始结果早，定植后2～3年结果，6年生树（行株距6

米×4 米）每亩[1]产量 701 千克，7 年生树（行株距 5 米×4 米）每亩产量 1 334 千克，丰产。生理落果轻。以短果枝和花束状果枝结果为主。需配置授粉树，可选用骆驼黄、红丰、金太阳、秦杏 1 号、早美红杏等作授粉品种。

（4）抗性和适应性　该品种在自然条件下未见细菌性穿孔病，花芽抗倒春寒能力较强，适宜在河北省中、南部及生态条件类似的地区栽培。

甘玉杏果实中大而均匀，果形端正，品质上等，成熟早，是优良的极早熟鲜食杏品种。

3. 红丰

（1）品种来源　系山东农业大学园艺学院陈学森等采用有性杂交与胚培相结合的方法育成，亲本为二花槽×红荷包，1999 年通过山东省农业厅组织的专家验收鉴定，2001 年被国家林业局授予植物新品种权证书。

（2）果实经济性状　果实近圆形。平均单果重 56.0 克，大果重 80.0 克；果实纵径 4.2～4.8 厘米，横径 4.4～5.0 厘米。果顶平；缝合线较深，较明显，片肉对称；梗洼圆形，中深。果皮底色黄，2/3 果面着鲜红色；果面光洁。果肉橙黄色；肉质细，纤维少，汁液中多，味甜微酸，具香味；含可溶性固形物 15.0%。半离核；仁苦。在山东泰安，果实 5 月 26 日成熟；在河北省石家庄果树研究所，果实 5 月下旬成熟，发育期约 57 天。

（3）生长结果习性　树冠开张，枝条自然下垂。在山东调查，幼树雌蕊败育花比率为 30%，成龄树为 13%。自然坐果率 23%。萌芽率 87%，成枝率 7%。幼树定植或高接后第二年就能开花结果，长、中、短果枝均坐果良好，3 年生以上树以短果枝结果为主。丰产性强。自花结实率 5%，为提高产量，可用凯特杏等作授粉品种。花期比一般品种晚。

---

① 亩为非法定计量单位，1 亩＝667 米^2。

（4）抗性和适应性　该品种对杏早期落叶病、细菌性穿孔病及褐腐病具较强抗性，抗冻性和适应性强。

红丰杏树冠开张，枝条自然下垂；雌蕊败育花比率低，自然坐果率高；丰产性强；开花晚，极早熟，品质上，是早熟杏理想的换代品种，现已在我国华北、西北及华南个别地区引种试栽。

4. 新世纪

（1）品种来源　系山东农业大学园艺学院陈学森等采用有性杂交与胚培相结合的方法育成，亲本为二花槽×红荷包。1999年通过山东省农业厅组织的专家验收鉴定，2001年被国家林业局授予植物新品种权证书。

（2）果实经济性状　果实卵圆形。平均单果重73.0克，大果重150.0克；果实纵径5.2～6.5厘米，横径4.8～5.4厘米。果顶平；缝合线深而明显，片肉不对称。果皮底色橙黄，阳面着粉红色；果面光滑。果肉橙黄色，肉质细，味酸甜，香味浓；含可溶性固形物15.2%。半离核；仁苦。在山东泰安果实5月27日成熟；在河北省石家庄果树研究所，果实5月底成熟，发育期约58天。

（3）生长结果习性　树冠开张，枝条自然下垂，生长势强。在山东泰安调查，幼树雌蕊败育花比率为60%，成龄树为40%。萌芽率高，2年生后成枝力明显下降，极易形成短果枝。幼树定植或高接后第二年就能开花结果，长、中、短果枝均坐果良好，3年生以上树以短果枝结果为主。成花能力强，平均每芽眼3～4朵花，最多7朵。丰产性强。自花结实率4%，为提高产量，可用凯特杏等作授粉品种。花期比一般品种晚。

（4）抗性和适应性　该品种对杏细菌性穿孔病、早期落叶病等具较强抗性，适应性强。

新世纪树冠开张，枝条自然下垂；果实成熟早，果个很大，外观美，品质优，商品价值高，市场竞争力强，具有广阔的发展前景。目前已在我国华北及西北地区广泛引种试栽。

5. 早金蜜（暂定名）

（1）品种来源　系中国农业科学院郑州果树研究所 1996 年发现，1998 年选出的农家株选优良新品系。

（2）果实经济性状　果实近圆形。平均单果重约 56.2 克，大果重 78.0 克；果实纵径 4.8 厘米，横径 5.0 厘米，侧径 5.1 厘米。果顶平，微凹；缝合线明显，片肉对称；梗凹圆深。果皮橙黄色，洁净美观；果肉橙黄色，由里向外成熟，肉质细软，汁液多，纤维少，味酸甜适度，浓香，含可溶性固形物 14.6%。离核。核小，仁苦。可食率 96.3%。常温下果实可贮放 7 天以上。在河南郑州，果实 5 月中旬成熟，发育期 52～55 天。

（3）生长结果习性　树冠倒圆锥形，树势中庸。树体紧凑，枝条节间短。完全花率 81%。萌芽率为 60%，成枝率为 30%。2 年生树结果株率达 100%，第三年平均株产 5.0 千克，第四年平均株产 20.2 千克。采前不裂果、不落果。以短果枝和花束状果枝结果为主。

（4）抗性和适应性　抗病虫能力和抗晚霜危害能力均强。

早金蜜树体半矮化，易管理，早实性强，丰产，稳产。果实中大，外观美，品质极上。抗病虫能力和抗晚霜危害能力均强，是优良的极早熟鲜食杏新品系。

6. 金星

（1）品种来源　金星系河北农业大学园艺学院选育，是串枝红杏自然实生优选系，在保定、新乐、晋县和巨鹿等地有栽培。

（2）果实经济性状　果实圆形。平均单果重 22.0 克，大果重 27.0 克；果实纵径 3.3 厘米，横径 3.5 厘米，侧径 3.3 厘米。果顶圆形；缝合线浅，明显，片肉稍不对称；梗洼深、中广。果皮橙黄色，茸毛少。果肉橙红色；肉质细，柔软、纤维少，果汁中多，味甜酸，香味浓；含可溶性固形物 16.5%。离核；仁苦，饱满。常温下果实可贮放 7 天左右。在河北省石家庄果树研究

所，果实5月下旬成熟，发育期为57天左右。

(3) 生长结果习性　树冠圆头形，树姿开张，树势中庸。

金星杏树形开张。果实成熟极早，品质上。较耐贮放，雌蕊败育花少，为优良极早熟鲜食品种。

7. 子荷杏

(1) 品种来源　原产于河北新河，2005年通过河北省林木良种审定委员会审定。河北中、南部有栽培。

(2) 果实经济性状　果实圆形。平均单果重37.1克，最大果重50克；果实纵径3.74厘米，横径3.88厘米，侧径4.02厘米。果顶平；缝合线浅，显著，片肉稍不对称；梗洼深、窄。果皮黄色；无斑点，果面有茸毛；果皮较薄，易与果肉剥离。果肉橘黄色；肉质略粗，纤维稍多，果肉柔软，汁液中多，味甜，含可溶性固形物12.95%。半离核或离核；核小，仁苦，鲜种仁饱满。可食率97.68%。常温下果实可贮放5天。在河北省石家庄果树研究所，果实5月下旬成熟，发育期为55～60天。

(3) 生长结果习性　树冠圆头形，树姿开张，树势中庸。1年生枝节间长1.36厘米。枝条停止生长早，新梢平均长48厘米左右，各类枝条均较粗壮。花白色。完全花率61.01%，自然坐果率52.63%。萌芽率52.5%，成枝率2.5%。定植后第二至三年开始结果，6年生树株产25千克，成龄大树株产可达100～150千克，丰产、稳产。以短果枝和花束状果枝结果为主。自花不结实，可用甘玉、新世纪、早金丰、金太阳、二红、大丰、凯特杏等作授粉品种。

(4) 抗性和适应性　子荷杏对叶片焦边病和细菌性穿孔病等有较强的抗性。

该品种味甜，品质上，可食率高，丰产，对叶片焦边病和细菌性穿孔病有较强抗性，树形紧凑，具有矮化特性。

8. 早金丰

(1) 品种来源　早金丰原产于河北辛集（农家品种名为菜籽

黄)，2002年5月通过河北省石家庄市林业局组织的技术鉴定。

(2) 果实经济性状 果实近圆球形。平均单果重47.4克，最大果重77.3克；果实纵径4.16厘米，横径4.94厘米，侧径4.26厘米。果顶平；缝合线浅，片肉稍不对称；果皮金黄色，阳面着红晕，果面光亮；无裂果现象；果肉深黄色；肉厚、质细、纤维极少，汁液中少，有香气；含可溶性固形物15.8%，总糖14.6%，总酸0.87%，风味甜；离核；核小，仁苦。可食率95.66%。常温下果实可贮放7～12天，0～5℃条件下可贮藏20天以上。在河北省石家庄果树研究所，果实5月下旬成熟，发育期为58天左右。

(3) 生长结果习性 树冠自然圆头形，树姿半开张，树势强。1年生枝粗壮。完全花率达67.2%，自然坐果率达60.03%。萌芽力和成枝力均强。以中、短果枝结果为主。2年生开始结果，株产2.7千克，3年生树株产12.3千克，4年生树株产36.8千克。大小年现象不明显。需配置授粉树，可用骆驼黄、新世纪、金太阳杏等作授粉品种。

(4) 抗性和适应性 该品种抗寒、耐低温，适应性强。如1996年春季杏花期遭遇降雪天气，其他杏品种几乎绝收，而早金丰无明显减产现象。据观察，早金丰杏花期遇－4℃低温，坐果率可达59.8%。

早金丰品质上等，耐贮，可食率高，丰产，是优良的极早熟品种。

(二) 早熟品种

1. 秦杏1号

(1) 品种来源 系西北农业科技大学园艺学院果树研究所从陕西关中地区发现的自然实生苗中选育而来。

(2) 果实经济性状 果实近圆形。平均单果重85克，最大果重120克。缝合线较深，片肉不对称。果皮底色绿黄色，阳面着玫瑰色，着色面积占1/2～2/3。果肉浅黄色，肉质硬韧，汁液少，味酸甜；含可溶性固形物 13.8%。离核，仁甜。常温下可存放10～15 天，果实极耐贮运。在陕西关中中部，果实 5 月下旬成熟，发育期 60 天左右。在河北省石家庄果树研究所，果实 6 月上旬成熟，发育期约 65 天。

（3）生长结果习性　树姿开张，树势较强。花器发育完全，退化花率为 5%。萌芽率高，成枝力弱。一般第三年开始结果，第四年每亩产量 1 201.6 千克，第五年 1 524.2 千克。生理落果少，无采前落果。以短果枝结果为主，占果枝总量的 86.6%，中长果枝占 6.4%，花束状果枝占 7%。自花结实率低，需配置授粉品种。

（4）抗性及适应性　有良好的抗霜冻能力，耐干旱，成熟期遇雨不裂果，对穿孔病也有较强的抵抗力。

该品种品质中上，肉质硬，极耐贮运，早熟，抗霜，耐干旱，成熟期遇雨不裂果，丰产稳产。

2. 二转子

（1）品种来源　原产于陕西省礼泉。

（2）果实经济性状　果实长圆形。平均单果重 133.0 克，大果重 180.0 克；果实纵径 5.7 厘米，横径 5.7 厘米，侧径 5.5 厘米。果顶平或微凹；缝合线浅而平，片肉不对称；梗洼圆，深而广，果梗细。果皮底色绿黄，阳面橙黄，有少量紫红色小斑点；果面较光滑，密被茸毛，皮不易剥离。果肉橙黄色；肉厚，肉质致密细软，纤维细多，汁多，酸甜味浓，有香气；含可溶性固形物 11.6%，总糖 6.8%，总酸 0.9%，pH 为 4.3；硬度 6.9 千克/厘米^2。半离核；仁甜，饱满。常温下果实可贮放 5 天。在辽宁熊岳国家李杏资源圃，果实 6 月末 7 月初成熟，发育期约 68 天。

（3）生长结果习性　树势较强，树体高大，当年生枝粗壮。完全花率 37.5%。4 年生树开始结果，6 年生树进入盛果期，平均株产 65 千克。生理落果较轻，采前落果少。以短果枝和花束状果枝结果为主。需配置授粉树，可用占屯红杏、临潼银杏和红

玉杏等作授粉品种。

(4) 抗性和适应性　该品种适应性强，对风、霜等灾害也有相当的抵抗能力，适宜在华北温带杏区栽培。

二转子果实极大，外观好，品质较佳，耐贮运。深受消费者欢迎，在市场上售价很高，是极有发展前途的大果型鲜食杏品种。

3. 金杏

(1) 品种来源　金杏又名黄接杏、京杏。原产于内蒙古自治区包头市。是内蒙古地区的主要推广品种，在1984年内蒙古自治区杏果实鉴评会上名列第一，1990年通过农业部鉴定，被列为优异品种。

(2) 果实经济性状　果实卵圆形。平均单果重32.1克，最大单果重45.2克；果实纵径3.8厘米，横径3.9厘米，侧径3.7厘米。果顶圆形，微凸；缝合线显著，中深、狭窄，片肉不对称；梗洼深而广。果皮底色淡黄色，散生小红点；果面茸毛少，果皮厚。果肉黄色，松脆，纤维粗、多，汁丰富，味甜酸适度；含可溶性固形物11.3%，总糖6.28%，总酸1.89%，每100克果肉含维生素C 8.35毫克，pH 4.1；硬度13.4千克/厘米^2。离核；仁苦。可食率90.4%。常温下果实可贮放5天左右。在辽宁熊岳国家李杏资源圃，果实6月下旬至6月末成熟，发育期67天。

(3) 生长结果习性　树冠半圆形，树姿半开张，树势强。完全花率76%，自然坐果率24%。萌芽率69.0%，成枝率23.0%。4年生树开始结果，6年生树单株产量40多千克，7年生树达盛果期，成龄大树株产果100～150千克。以短果枝和花束状果枝结果为主。需选配2～3个杏品种作授粉树。

(4) 抗性和适应性　该品种抗旱力强。在特殊低温年份，花芽有冻害。抗寒、抗旱力较强。花期及幼果期易受晚霜为害。适宜在华北温带杏区、西北干旱带杏区栽培。

金杏早熟，丰产，是品质优良的鲜食品种。

4. 早橙

（1）品种来源　原产于山东崂山。分布于辽宁、山西、山东、河北和北京等地。

（2）果实经济性状　果实近圆形。平均单果重80克，大果重96克。果顶微凹，缝合线显著，浅而广，片肉对称，梗洼深而广。果皮底色橙黄，阳面2/4～3/4着红色，茸毛少。果肉橙黄色，肉质松脆，纤维少，汁中多，酸甜味浓；含可溶性固形物13.5%，总糖5.7%，总酸1.5%，每100克果肉含维生素C 9.0毫克。离核，仁苦。果实品质上等。常温下果实可贮放7天左右。在辽宁熊岳国家李杏资源圃，果实6月下旬成熟，发育期约62天。

（3）生长结果习性　树冠自然半圆形，树姿半开张，树势中庸。1年生枝红褐色，有光泽，皮孔大。花5瓣，白色。春季嫩梢红色。叶片卵圆形，大，色淡。3～4年生树平均株产果10千克。以短果枝结果为主。

（4）抗性和适应性　抗寒性、抗病性和抗旱性强，对土壤适应性广。适宜在华北温带杏区栽培。

该品种较丰产，果实大，果面光滑，果实耐贮放，是极优的早熟鲜食品种。

5. 硕光（暂定名）

（1）品种来源　硕光杏新品系由河北省农林科学院石家庄果树研究所选育。

（2）果实经济性状　果实长圆形。平均单果重86.08克，最大果重106.4克，果实纵径5.52厘米，横径5.45厘米，侧径5.26厘米。果顶圆凸。果皮底色橙黄，略带红晕或无彩色，果面光亮洁净。果肉橙黄色；汁液多，肉质较细，成熟度小时松脆，充分成熟时柔软，纤维中多，味酸甜浓厚，有香气，无涩味；含可溶性固形物14.5%，总糖6.047%，总酸1.36%，每100克果肉含维生素C 8.80毫克。离核，仁苦，饱满。可食率为95.16%。果实硬度12.8千克/厘米^2，常温下果实可存放5

天。在石家庄果树研究所，果实6月上旬成熟，发育期约64天。

（3）生长结果习性　树冠圆头形，树姿半开张。树势强，树冠高大。盛果期树每亩产鲜杏2 000多千克。以短果枝和花束状果枝结果为主。生理落果轻或无，果实商品采收期可持续10天左右。大小年现象不明显。正常年份基本不裂果，商品果率可达95%以上。自花不结实，可用早金丰、甘玉、金太阳、凯特杏等作授粉品种。

（4）抗性及适应性　正常年份，枝干、叶、果无明显病害。

硕光是早熟、大果、优质、丰产的鲜食杏新品系，适宜在华北温带杏区栽培。

6. 龙垦1号

（1）品种来源　原产于黑龙江省宝清。1985年经黑龙江省农作物品种审定委员会审定并命名。现已在黑龙江、吉林、辽宁和甘肃等地栽培。

（2）果实经济性状　果实圆形。平均单果重30.0克，大果重45.0克；果实纵径3.4厘米，横径3.5厘米，侧径3.3厘米。果顶平；缝合线浅而广，明显，片肉对称；梗洼深，中广。果皮黄色，阳面着红色；果皮薄。果肉橙黄色；肉质松软，纤维细而少，汁中多，味甜酸，有香气；含可溶性固形物11.6%，总糖5.7%，总酸1.6%，每100克果肉含维生素C 8.3毫克，pH为3.6；硬度为14.4千克/厘米^2。离核；仁苦。可食率93.2%。常温下果实可贮放5天左右。在辽宁熊岳国家李杏资源圃，果实6月下旬成熟，发育期约65天。

（3）生长结果习性　树冠圆头形，树姿半开张，树势强。花粉白色。完全花率92%，自然坐果率一般为4%。萌芽率为72%，成枝率为22%。3年生树开始结果，5年生树株产杏24千克，10年生树平均株产95.5千克。管理好时可连续丰产。以短果枝和花束状果枝结果为主。需配置授粉树。

（4）抗性及适应性　该品种抗寒性极强，抗病性和抗旱性强。不适宜在重盐碱地和重黏土地栽培。适宜在华北温带杏区、东北寒带杏区、西北干旱带杏区栽培。

龙垦1号成熟早，耐运输，果实品质中等，是优良的早熟抗寒品种。

7. 山农凯新1号

(1) 品种来源　系山东农业大学以凯特杏为母本、新世纪杏为父本，进行有性杂交，并结合胚培技术育成的杏新品种。2004年通过国家林业局植物新品种权保护办公室组织的专家审定，被授予植物新品种权。

(2) 果实经济性状　果实近圆形。平均单果重50.6克，最大单果重68克。果顶平；缝合线浅而不明显，片肉对称；梗洼圆形，中深。果面光洁，橙红色，美观。肉质细，纤维少，汁液中多，香味浓，味甜；含可溶性固形物15.5%。离核；仁苦。在山东泰安，果实6月初成熟，发育期为60～63天。

(3) 生长结果习性　树冠开张。雌蕊败育花比率较低，自花授粉坐果率为25.9%。萌芽力及成枝力均较强，易形成短果枝，早果性极强。幼树定植或高接后第二年就能开花结果，其长、中、短果枝均坐果良好；3年生以上树以短果枝结果为主。

(4) 抗性和适应性　该品种适应性强。可在西北干旱带杏区和华北温带杏区试栽。

8. 香白

(1) 品种来源　又名真核香白杏。原产于河北丰润、遵化和天津市蓟县一带。曾获河北省杏品种鉴评第一名，并被评为中国国际农业博览会名牌产品和河北省名牌产品。

(2) 果实经济性状　果实扁圆形。平均单果重63.56克，最大果重71.8克；果实纵径4.79厘米，横径5.78厘米，侧径5.92厘米。果顶圆平，中央微凹；缝合线浅，显著，片肉不对称；梗洼深而广。果皮黄白色，色泽均匀。阳面着红晕，果面斑点多，紫红色，果面茸毛少。果肉黄白色；肉质细、软，纤维

少，汁多味甜，香味浓郁；含可溶性固形物 12.94%，总糖 5.867%，总酸 2.629%，每 100 克果肉含维生素 C 13.461 毫克。离核；甜仁。可食率 95.88%。常温下果实可贮放 3 天左右。在河北省石家庄果树研究所，果实 6 月中旬成熟，发育期为 67 天。

(3) 生长结果习性　树冠圆头形，树姿半开张，树势中庸。1 年生枝粗壮，节间长 1.45 厘米。花白色，完全花率 18%，自然坐果率 22.47%。萌芽率 30%，成枝率 5%。3 年生开始结果，8 年生左右进入盛果期，成龄大树株产 150 千克，以短果枝和花束状枝结果为主。自花不结实，可用串枝红和金太阳杏等作授粉品种。

(4) 抗性及适应性　该品种适应性强，丰产。果大，质优，仁甜，是优良的早熟鲜食、加工、仁用的兼用品种，可在华北地区及辽宁南部栽培。但果实成熟时遇 37℃左右高温，可能引起内部果肉的褐变。

香白杏果实较大，味甜汁多，香气浓烈，品质上，离核甜仁，是优良的鲜食加工、仁肉兼用品种，可在城市郊区发展。

9. 铁八达

(1) 品种来源　原产于北京市。在北京、河北和辽宁等地均有栽培。

(2) 果实经济性状　果实扁圆形。平均单果重 32.5 克，大果重 66.8 克。果顶平，微凹；缝合线浅而广，片肉不对称；梗洼中深而广。果皮底色黄绿色，着紫红色，果面有紫色果点；果肉橙黄色；肉质硬脆，纤维粗而多，汁多，味酸甜，微有香气；含可溶性固形物 12.4%，总糖 6.8%，总酸 1.2%，每 100 克果肉含维生素 C 12.8 毫克，pH 为 3.7。黏核；仁苦。可食率 95.0%。常温下果实可贮放 5～6 天。在辽宁熊岳国家李杏资源圃，果实 6 月末成熟，发育期为 66 天。

(3) 生长结果习性　树冠圆头形，树姿开张，树势中庸。

完全花率48%。萌芽率41%，成枝率36%。3年生树开始结果，8年生树进入盛果期。以短果枝结果为主。需配置授粉树。

(4) 抗性及适应性　该品种抗寒、抗旱，适应性强。适宜在华北温带杏区栽培。

铁八达果实外观美丽，品质上等，比较耐贮运，是优质、丰产的鲜食杏品种。

(三) 中熟品种

1. 山黄杏

(1) 品种来源　别名金玉杏。原产于北京市昌平。1990年通过农业部鉴定，被列为优异品种资源。现已在北京、辽宁、河北和山西等地栽培发展。

(2) 果实经济性状　果实扁圆形。平均单果重44.4克，大果重80克；果实纵径3.8厘米，横径4.2厘米，侧径4.3厘米。果顶平圆；缝合线显著，浅而广，片肉对称；梗洼深，中广。果皮底色橙黄，果面1/2着红色。果肉橙黄色；肉质细软有韧性，纤维中多，汁中多，味酸甜，有香气；含可溶性固形物11.8%，总糖5.7%，总酸1.5%，每100克果肉含维生素C 9.0毫克。半离核；仁苦。常温下果实可贮放5～7天。在辽宁熊岳国家李杏资源圃，果实6月下旬成熟，发育期为70天。

(3) 生长结果习性　树冠圆头形，树姿开张，树势中庸。萌芽率为37%，成枝率为38%。7～8年生树进入盛果期，平均株产杏30～50千克。以短果枝和花束状果枝结果为主。矮化性好，是杏属中的矮化品种。

(4) 抗性及适应性　该品种抗逆性和适应性强。适宜在华北温带杏区、西北干旱带杏区栽培。

山黄杏果实外观美丽、品质优良，在良好的管理条件下，连年丰产，是鲜食和加工兼用的优良矮化品种。用其加工的杏脯、杏罐头品质非常好。

2. 红玉杏

(1) 品种来源　别名红峪杏、大峪杏。原产于山东省历城和长清，为当地主要栽培品种，俗称大会杏。分布于河北、辽宁和山东等地，在辽宁西部栽培最多。1987 年，被农业部定为杏的名、特、优品种之一。是山东省出口杏的主要栽培品种，深受国际市场的欢迎。

(2) 果实经济性状　果实卵圆形。平均单果重 85.0 克，最大单果重 125.0 克；果实纵径 3.9 厘米，横径 4.4 厘米，侧径 4.3 厘米。果顶平，微凹；缝合线浅而广，片肉对称；梗洼深，中广。果面茸毛少，有光泽；果皮底色橙红，阳面有片红，整洁美观。果肉橙黄色；肉厚，肉质硬脆，纤维细，果汁中多，酸甜可口，有清香；含可溶性固形物 10.8%，总糖 5.8%，总酸 2.1%，每 100 克果肉含维生素 C 7.1 毫克，pH 为 4.0。离核；仁苦。耐贮运，常温下果实可贮放 5 天左右。在河北省石家庄果树研究所，果实 6 月中旬成熟，在辽宁省熊岳国家李杏资源圃，果实 6 月末至 7 月初成熟，发育期 70 天左右。

(3) 生长结果习性　树冠自然圆头形，树姿半开张，树势强健。雌蕊与雄蕊等高，或雌蕊略低于雄蕊。萌芽率为 63.6%，成枝率为 24.3%。4 年生树开始结果，6 年生树株产 22 千克，7 年生树进入盛果期，丰产，连续结果能力很强。以短果枝结果为主。需配置授粉树，可用串枝红和杨继元杏等作授粉品种。

(4) 抗性及适应性　该品种适应性强，可在华北温带杏区大面积推广。红玉杏受疮痂病和黑斑病为害最重，应注意及时防治。

红玉杏果实较大，色泽鲜艳，风味佳美，品质极上等，耐运输，极丰产，为鲜食和加工兼用的优良品种。

3. 张公园

(1) 品种来源　原产于陕西省三原，系著名地方良种。分布于陕西、山西、辽宁、河北和山东等地，在辽宁西部栽培最多。

（2）果实经济性状　果实扁卵圆形。平均单果重 80.0 克，最大单果重 150.0 克；果实纵径 4.5 厘米，横径 4.8 厘米，侧径 4.5 厘米。果顶平，微凹；缝合线浅而广，片肉不对称；梗洼深而广，圆形。果皮橙黄色，阳面着 1/4～2/4 鲜红色；果皮中厚，难剥离。果肉橙黄色；肉质硬脆，纤维细而少，汁中多，味甜酸；含可溶性固形物 9.8%，总糖 6.6%，总酸 1.4%，每 100 克果肉含维生素 C 6.6 毫克，pH 为 3.7，硬度为 11.3 千克/厘米^2。半离核；仁甜。可食率 97.0%。常温下果实可贮放 7～10 天。在辽宁熊岳国家李杏资源圃，果实 7 月上、中旬成熟，发育期为 76 天。

（3）生长结果习性　树冠圆锥形，树姿半开张。完全花率 85%。萌芽率为 48%，成枝率为 35%。3 年生树开始结果，6 年生树株产杏 42 千克，盛果期平均株产杏约 100 千克。以短果枝和花束状果枝结果为主。需配置授粉树，可用银香白和串枝红杏等作授粉品种。

（4）抗性及适应性　该品种抗寒、抗旱，适应性强，极丰产且稳产。适宜在华北温带杏区栽培。

张公园果实外观鲜艳，果个大，耐贮运，其果实可制成罐头，是鲜食与加工兼用的中熟品种。

4. 阿克西米西

（1）品种来源　原产于新疆库车。主要分布于新疆阿克苏地区。

（2）果实经济性状　果实椭圆形。平均单果重 18.8 克；果实纵径 3.4 厘米，横径 3.1 厘米，侧径 3.3 厘米。果顶尖圆；缝合线浅而广，明显，片肉对称；梗洼浅而窄，圆形。果皮白色；果面光滑无茸毛，有少量小红果点；果皮中厚，强韧，难剥离。果肉白色；肉质中粗，软溶质，纤维中多，汁少，味酸甜适度，有香气。在原产地测定，其果肉含可溶性固形物 21.7%，硬度为 9.8 千克/厘米^2。在国家李杏资源圃测定，其果肉含可溶性固

形物 14.7%，总糖 7.3%，总酸 0.8%，每 100 克果肉含维生素 C 11.4 毫克。离核，仁香甜，出仁率为 32.6%；果肉可食率 90.4%。常温下果实可贮放 5～7 天。在辽宁熊岳国家李杏资源圃，果实 6 月末成熟，发育期约 75 天。在新疆库车地区，果实 6 月下旬成熟，发育期约 77 天。

（3）生长结果习性　树冠圆头形，树姿开张，树势中庸。自然坐果率 16%。萌芽率 47%，成枝率 29%。3 年生树开始结果，10 年生树进入盛果期，平均株产量为 140～200 千克。有隔年结果现象，采前落果重。经济寿命为 70～80 年，连续结果能力为 4～5 年，以花束状果枝结果为主。需配置授粉树。

（4）抗性和适应性　该品种抗风，抗涝，抗盐碱，抗寒，极抗旱。适宜在华北温带杏区、西北干旱带杏区栽培。

阿克西米西较丰产。果实极小，味甜，品质上等，汁少，耐运输，适于制干，是优良的鲜食与制干品种。

5. 辽阳红杏

（1）品种来源　原产于辽宁省辽阳，系地方杏树品种。

（2）果实经济性状　果实圆形。平均单果重 32.2 克，大果重 37.5 克；果实纵径 4.8 厘米，横径 3.8 厘米，侧径 3.6 厘米。果顶较圆；缝合线浅而广，片肉对称；梗洼浅，中广。果皮黄色，阳面着紫红色；较光亮，茸毛较少。果肉黄色；肉质松软发沙，纤维中，汁少，味甜酸；含可溶性固形物 12.6%，总糖 5.6%，还原糖 1.5%，总酸 2.5%，果胶 0.51%，每 100 克果肉含维生素 C 10.2 毫克，pH 为 3.5。仁甜。在辽宁熊岳国家李杏资源圃，果实 7 月中旬成熟，发育期约 80 天。

（3）生长结果习性　树冠自然半圆形，树姿半开张。花白色。雌蕊高于雄蕊的花占 95%。萌芽率为 65%，成枝率为 34%。

（4）抗性和适应性　该品种适应性强，抗寒。适宜在华北温带杏区栽培。

辽阳红杏丰产，是结果早的鲜食品种。

6. 仰绍黄杏

(1) 品种来源　别名鸡蛋杏、大杏、响铃杏。原产河南省渑池，系地方良种。分布于河南、山西、河北、北京、辽宁、山东、陕西等地，在河南西部栽培最多。1988 年被农业部定为杏的名、特、优产品。

(2) 果实经济性状　果实卵圆形。平均单果重 87.5 克，大果重 131.7 克；果实纵径 5.4 厘米，横径 5.4 厘米，侧径 5.4 厘米。果顶平，微凹；缝合线浅，显著，片肉不对称；梗洼深广。果皮黄或橙黄色，阳面着 2/3 红色；果面斑点大，稀，紫褐色，果面有茸毛；果皮较厚，易剥离。果肉橙黄色，近核处黄白色；肉质细密，软，纤维少，汁中多，味甜酸适度，香味浓；含可溶性固形物 14.0%，总糖 6.2%，总酸 1.4%，每 100 克果肉含维生素 C 11.7 毫克。离核；仁苦，饱满。可食率 97.3%。果实在常温下可贮放7～10 天。在河南渑池，果实 6 月中旬成熟，发育期 70～80 天；在辽宁熊岳国家李杏资源圃，果实 7 月中旬成熟，发育期为 80 天。

(3) 生长结果习性　树冠自然半圆形，树姿半开张，树势强。完全花率 70%，自然坐果率 25%。萌芽率 35%，成枝率 20%。4 年生开始结果，成龄大树株产 200～250 千克。百年老树仍可产杏果 150 千克左右。以短果枝和花束状果枝结果为主。需配置授粉树，可用银香白、张公园、金太阳和凯特杏等作授粉品种。花期比当地其他品种晚 2～3 天。

(4) 抗性和适应性　该品种抗旱、抗病性均强，在部分地区花期易受晚霜危害。适宜在华北温带杏区、西北干旱带杏区栽培。

仰绍黄杏适应性强，分布广。果实极大，外观美丽，甜酸适度，香味浓，品质上。为鲜食与加工兼用良种，可在华北、东北南部、西北东部、华中和华东的北部栽培。

7. 广杏

(1) 品种来源　又名礼泉梅杏、钱杏。原产陕西礼泉，系地方品种。主产于陕西省礼泉和乾县。

(2) 果实经济性状　果实阔卵圆形，平均单果重 78.1 克，大果重 92.9 克；果实纵径 5.4 厘米，横径 5.6 厘米，侧径 5.1 厘米。果顶圆，偏凸；缝合线深、窄，片肉不对称；梗洼圆、浅。果皮绿黄色，阳面着少量红色，果面有少量褐色斑点。果肉橙黄色；肉质硬，纤维粗，汁多，味酸甜；含可溶性固形物 11.6%，总糖 6.4%，总酸 1.2%，每 100 克果肉含维生素 C 8.7 毫克。离核；仁甜。可食率 96.5%。常温下果实可贮放 3～5 天。在辽宁熊岳地区，果实 7 月上旬成熟，发育期约 80 天。

(3) 生长结果习性　树姿半开张，树冠半圆形。1 年生枝灰绿色，枝上多茸毛。叶片倒卵形，叶长 3～5 厘米，叶面多皱、有毛。花朵粉白色。苗木定植后第 3 年结果，5 年生树平均株产 5.1 千克。在吉林省舒兰，6 月末果实成熟。在辽宁熊岳地区，果实 7 月上旬成熟，发育期约 80 天。

(4) 抗性和适应性　对干旱环境适应性较强，该品种抗寒性强，能抗－40℃低温，抗晚霜，病虫害发生较轻。可在西北干旱地区城市附近适当发展。

广杏果个很大，品质中上。

8. 华县大接杏

(1) 品种来源　原产于陕西华县。现分布在陕西、甘肃、宁夏、河北、北京、辽宁和河南等地。

(2) 果实经济性状　果实扁圆形。平均单果重 84 克，大果重 150 克；果实纵径 4.8 厘米，横径 5.3 厘米，侧径 4.7 厘米。果顶平，微凹；缝合线浅而广，较显著，片肉较对称；梗洼中深，宽。果皮黄色；果实阳面着生小红果点，茸毛多。果肉橙黄色；肉质松软，纤维细少，汁多，味酸甜，有香气；含可溶性固形物 11.7%，总糖 7.9%，总酸 0.9%，每 100 克果肉含维生素

C 7.5 毫克。离核；仁甜。可食率 95.5%。常温下果实可贮放 5～7 天。在河北省石家庄果树研究所，果实 6 月中旬成熟，发育期为 79 天。

(3) 生长结果习性　树冠圆头形，树姿半开张，树势强。完全花率 41%。萌芽率为 59%，成枝率为 18%。3 年生树开始结果，5 年生树株产杏 20 千克，7 年生树进入盛果期，盛果期树平均株产杏 70 千克。以短果枝和花束状果枝结果为主。丰产、稳产。需配置授粉品种。

(4) 抗性及适应性　该品种适应性广。在华北、西北地区及辽宁南部地区均丰产、稳产。适宜在华北温带杏区栽培。

华县大接杏果实极大，质优，树体呈半矮化状，是优良的中熟鲜食品种。

9. 三原曹杏

(1) 品种来源　原产于陕西三原、泾阳，地方品种。分布于陕西、辽宁、河北等地。

(2) 果实经济性状　果实斜阔圆形。平均单果重 71.8 克，大果重 110.0 克；果实纵径 5.0 厘米，横径 5.1 厘米，侧径 4.9 厘米。果顶凹；缝合线浅、广，片肉对称；梗洼浅广。果皮黄色，着红色；果面斑点少，紫色；茸毛多。果肉橙黄色；肉质细，致密，柔软，汁多，味甜，味浓香；含可溶性固形物 10.4%，总糖 7.1%，总酸 0.8%，每 100 克果肉含维生素 C 4.3 毫克。黏核；仁甜，饱满。在辽宁熊岳国家李杏资源圃，果实 7 月上旬成熟，发育期为 75 天。

(3) 生长结果习性　树冠自然圆头形。完全花率 34%。萌芽率为 44%，成枝力强。最高株产达 200 千克。以中、短果枝结果为主。需配置授粉品种。

(4) 抗性和适应性　该品种抗旱，抗寒，耐瘠薄。

三原曹杏结实力强，果实很大，风味独特，久名远扬。是陕西关中地区推广的优良品种。

10. 水晶杏

(1) 品种来源　原产于北京市。1988 年被农业部定为杏的名、特、优品种。河北省昌黎栽培最多。

(2) 果实经济性状　果实卵圆形。平均单果重 34.0 克，大果重 52.0 克；果实纵径 3.8 厘米，横径 4.0 厘米，侧径 3.9 厘米。果顶平；缝合线浅而广，片肉不对称；梗洼浅而广。果皮绿白色，阳面着红色；果面斑点少而小，有茸毛；果皮厚而韧，不易剥离。果肉白绿色；肉质面而软，纤维粗而多，汁多，味甜，微香；含可溶性固形物 11.3%，总糖 5.5%，总酸 1.4%，每 100 克果肉含维生素 C 5.0 毫克，pH 为 4.5。黏核；核卵圆形；仁甜香，饱满。可食率 96.5%。常温下果实可贮放 3～5 天。在辽宁熊岳国家李杏资源圃，果实 7 月上旬成熟，发育期为 74 天。

(3) 生长结果习性　树冠圆头形，树姿半开张，树势强。1 年生枝粗壮。花白色；完全花率 53%。萌芽率为 52%，成枝率为 14%。3 年生树开始结果，5 年生树单株产果 50 千克。以短果枝和花束状果枝结果为主，连续结果能力强。丰产。需配置授粉树。

(4) 抗性和适应性　该品种适应性强。适宜在华北温带杏区栽培。

水晶杏树势旺，丰产。果实味甜，汁多，品质中上等，果实不耐运输，可加工果汁、果酱等，是优良的中熟鲜食加工兼用品种。

11. 临潼银杏

(1) 品种来源　原产于陕西临潼，系地方杏树良种，分布于陕西、辽宁和河北等地。

(2) 果实经济性状　果实圆形。平均单果重 56.2 克，大果重 83.0 克；果实纵径 4.5 厘米，横径 4.8 厘米，侧径 4.6 厘米。果顶平；缝合线浅而广，片肉对称；梗洼深，中广。果皮黄色，阳面着红色；果面斑点大而少，紫色，茸毛多。果肉橙黄色；肉质细而松软，纤维少，汁多，酸甜，味浓；含可溶性固形物13.3%，pH为3.7。仁甜。在辽宁熊岳国家李杏资源圃，果实7月初成熟，发育期约75天。

（3）生长结果习性　树冠圆头形，树姿开张。树势中庸。1年生枝较粗壮。完全花率52%。萌芽率56%，成枝率32%。需配置授粉树，可用华县大接杏、骆驼黄和串枝红杏等作授粉品种。

（4）抗性和适应性　该品种适应性强。适宜在华北温带杏区栽培。

临潼银杏丰产，适应性强，果实较大，品质上等，是优良的中熟鲜食品种。

12. 玛瑙杏

（1）品种来源　原产于美国。

（2）果实经济性状　果实卵圆形。平均单果重55.7克。果顶圆平，微凹；缝合线明显，片肉不对称；梗洼浅而广；果柄短。果皮橙黄色，阳面红色。果肉橙黄色；肉质较粗，纤维较粗，汁中多，味酸甜；含可溶性固形物12.5%，总糖9.1%，总酸1.4%。离核；核中等大，仁苦。在山东，果实6月中、下旬成熟，发育期约80天。

（3）生长结果习性　树姿开张，树势中庸。雌蕊败育率低。自然坐果率67%。萌芽率为92.4%。2年生树开始结果，5年生树平均株产杏24.5千克。幼树以中、长果枝结果为主。能自花结实。

（4）抗性和适应性　该品种抗晚霜冻害，适栽范围广。适宜在华北温带杏区栽培。在山东、河北等省利用玛瑙杏作保护地栽培品种和授粉树。

玛瑙杏结果早，丰产、稳产，自花结实率高，果实中大，耐贮运，是鲜食加工兼用品种。

（四）晚熟品种

1. 冀光

（1）品种来源　由河北省农林科学院石家庄果树研究所选育，1987年杂交（串枝红×二红），2000年12月通过河北省科技成果鉴定，2001年12月通过河北省林木品种审定委员会审定。

（2）果实经济性状　果实圆形，端正。平均单果重58.3克，大果重70.0克；果实纵径4.90厘米，横径4.68厘米，侧径4.65厘米。果顶微凸；缝合线浅，片肉不对称。果皮底色橙黄，阳面有红晕，成熟一致，果面光洁；果肉橙黄色；组织致密，纤维少，汁液中多，可采成熟期的果实较硬，有韧性，味酸甜可口，香气浓，含可溶性固形物12.92%，可溶性糖7.35%，可滴定酸1.75%，每100克果肉含维生素C 8.16毫克。容易去核，离核性状优于双亲，可提高工效50%；去核损耗少，比串枝红吨耗率低8.04千克；杏瓣里外一致，耐蒸煮。仁苦，饱满。常温下果实可贮放5～7天，耐贮运。在石家庄果树研究所，果实6月中旬成熟，发育期约为80天。

（3）生长结果习性　树冠圆头形，树姿开张，枝条斜生，树势强。完全花率34.1%，自然坐果率24.0%。萌芽力及成枝力中等。幼树定植后2～3年见果，4～5年生进入丰产期，平均株产25～30千克，盛果期株产可达100千克；果实可采期长，无采前落果。以短果枝和花束状果枝结果为主，自花不结实，可用金太阳、凯特杏等作授粉品种。

（4）抗性和适应性　该品种较抗寒、抗旱，适应性强，对杏细菌性穿孔病、焦边病等有较强抗性。适宜在华北温带杏区栽培。

该品种果个中等，甜酸适度，品质上等，用其果实制成糖水罐头，块形完整光滑，大小均匀，橙黄色，有光泽，酸甜适口，为鲜食、加工兼用品种。

2. 崂山关爷脸

（1）品种来源　系山东省崂山农业局实生选出的品种。1980年经鉴定命名，被农业部定为优质品种，是山东省主要出口杏品种之一。

（2）果实经济性状　果实卵圆形。平均单果重57.6克，大果重67.2克；果实纵径4.8厘米，横径5.2厘米，侧径5.1厘米。果顶略凹陷；缝合线较深。果皮橙黄色，着3/4紫红色；果面茸毛短而多；果皮厚，不易剥离。果肉黄色；肉质细嫩而脆，纤维少，汁较多，味酸甜，有香气；含可溶性固形物14.8%，总糖9.9%，总酸1.4%，每100克果肉含维生素C 8.5毫克。离核；核卵圆形；仁苦，饱满，仁大，有双仁。常温下果实可贮放7天。在山东泰安，果实7月上旬成熟，发育期约85天。

（3）生长结果习性　树冠自然开心形，树姿半开张，树势中庸。完全花率为55%，自然坐果率为19%。萌芽率62%，成枝力强。3年生树开始结果，8年生进入盛果期。以短果枝和花束状果枝结果为主。需配置授粉树。

（4）抗性和适应性　该品种抗逆性强，适应性广。适宜在华北温带杏区栽培。

崂山关爷脸果实外观美丽，果个较大，品质优良，较耐贮运，是鲜食、加工兼用品种。

3. 牡红杏

（1）品种来源　系黑龙江省农业科学院牡丹江农业科学研究所采用631杏与兰州大接杏杂交育成的新品种。1999年2月通过黑龙江省农作物品种审定委员会审定并命名。

（2）果实经济性状　果实圆形。平均单果重50克，最大单果重58.5克，果实整齐。平顶，缝合线明显。底色黄，果面有片状红晕，着色中等。果肉橙黄，果汁中等，果肉硬脆，纤维少，风味浓，酸甜适口，有香气，含可溶性固形物12.14%，总糖8.23%，总酸0.98%。离核；仁甜。在黑龙江牡丹江地区，

果实7月下旬成熟，发育期80天。

（3）生长结果习性　树冠圆头形，树姿开张，树势中庸。萌芽力中等，成枝力强。7年生树平均株产果量为16.2千克，5～8年生树每亩平均产果量为367.2千克。以中、短果枝和花束状果枝结果为主，连续结果能力强，生理落果轻，无采前落果现象。牡红杏自花不实，需配置授粉树，可用龙垦1号和龙垦2号杏等作授粉品种。

（4）抗性及适应性　该品种适应性强。适宜在东北寒带杏区小气候好的地区、华北温带杏区和西北干旱带杏区栽培。

牡红杏品质上等，丰产性好，果个比较整齐，是一个优良的晚熟鲜食杏品种。

4. 锦西大红杏

（1）品种来源　别名大红杏。原产于辽宁省葫芦岛连山区，是杏树地方优良品种。分布于辽宁、河北和山东等地，在辽宁西部栽培最多。

（2）果实经济性状　果实扁圆形。平均单果重50.2克，大果重60.0克；果实纵径5.3厘米，横径5.2厘米，侧径3.6厘米。果顶圆凸；缝合线深广，显著，片肉不对称；梗洼浅广。果皮黄色，阳面着红色；果面斑点小而少，红褐色，果面有茸毛；果皮较薄，易与果肉剥离。果肉橙黄色；肉质细密，较硬，纤维细而少，汁中多，味甜酸适度，无香气；含可溶性固形物13.5%，总糖8.0%，总酸1.8%，每100克果肉含维生素C 10.0毫克，pH为4.6。离核；仁苦，饱满。常温下果实可贮放5～7天。在辽宁熊岳国家李杏资源圃，果实7月中旬成熟，发育期为90天。

（3）生长结果习性　树冠自然开心形，树姿半开张，树势中庸。萌芽率为50%，成枝率为20%。4年生树开始结果。

（4）抗性及适应性　该品种较抗寒、抗旱，适应性强，且抗病虫害。适宜在华北温带杏区栽培。

锦西大红杏果个中等，甜酸适度，品质上等，用其果实制成糖水罐头，块形完整光滑，大小均匀，色泽橙黄，有光泽，外形极美，酸甜适口，风味佳，为加工鲜食兼用品种。

5. 崂山红杏

(1) 品种来源　系山东省崂山少山的一株实生树，由崂山农业局选出。1980年经鉴定命名，1982年山东省农业厅将其列为全省推广品种。

(2) 果实经济性状　果实椭圆形。平均单果重50.0克；果实纵径5.0厘米，横径4.8厘米。果顶略凹陷；缝合线较深。果皮黄绿色，阳面着鲜红色；果面茸毛多；果皮厚，不易剥离。果肉黄色；肉质细嫩、脆，纤维少，汁多，味酸甜，有香气；含可溶性固形物15.6%～18.0%，总糖10.7%，总酸1.4%，每100克果肉含维生素C 8.5毫克。离核；仁苦，饱满。常温下果实可贮放7天。在山东省崂山，果实6月下旬成熟，发育期约85天。

(3) 生长结果习性　树姿开张，树势强。完全花率55%，自然坐果率19%。萌芽率62%，成枝力强。3年生开始结果，15～19年生树平均株产100～150千克。以短果枝结果为主。

(4) 抗性和适应性　该品种对杏粉蚜感染较轻。

崂山红杏丰产、优质，较抗杏粉蚜，果实成熟度一致，较耐贮运，是很有发展前途的品种。

6. 兰州大接杏

(1) 品种来源　别名朱砂杏、麦杏、南川大杏子。原产于甘肃省兰州，系杏树地方良种。1987年，其果实被甘肃省评为优质农产品。分布于甘肃、陕西、河北和辽宁等地，在兰州地区栽培最多。

(2) 果实经济性状　果实椭圆形。平均单果重84.0克，大果重125.0克；果实纵径5.9厘米，横径5.8厘米，侧径4.9厘米。果顶圆，微凹；缝合线中深，显著，片肉不对称；梗洼中深，极广。果皮黄色或橙黄色；果面斑点红色，有茸毛；果皮较厚，难与果肉剥离。果肉黄色或橙黄色，近核处淡黄色；肉质细

密且软，纤维中多，酸甜适度，汁中多，味浓；含可溶性固形物14.5%，每100克果肉含维生素C 7.9毫克，pH为5.0。离核或半离核；仁甜。可食率为95.4%。常温下果实可贮放5～7天。在石家庄果树研究所，果实6月下旬成熟，发育期80～90天。

(3) 生长结果习性　树冠自然半圆形，树姿半开张，树势强。完全花率51%，自然坐果率25%。萌芽率为65%，成枝率为37.5%。4年生树开始结果，成龄树株产果140～210千克，以短果枝和花束状果枝结果为主。

(4) 抗性和适应性　该品种适应性强。在兰州市榆中县可抗−27℃的冬季低温，抗旱性强。适宜在华北温带杏区和西北干旱带杏区栽培。

兰州大接杏果实极大，酸甜适度，味浓，品质上等，是鲜食、加工兼用良种。

7. 巴斗杏

(1) 品种来源　别名大巴斗杏、黄巴斗杏。原产于安徽省萧县，是安徽淮北地区杏树传统品种，至今已有400余年的栽培历史。现主要分布于安徽、河南和山东等地。

(2) 果实经济性状　果实近圆形。平均单果重52.0克，大果重75.0克；果实纵径4.2厘米，横径4.0厘米，侧径3.5厘米。果顶平，微凹；缝合线浅，显著，片肉对称；梗洼深而广。果皮底色橙黄，阳面着红色；果面茸毛多。果肉橙黄色；肉质细，致密，纤维少，汁中等，味酸甜适口，有香味；含可溶性固形物14.5%，还原糖4.3%，总酸1.3%。离核；仁甜。常温下果实可贮放7天左右。在安徽淮北地区，果实6月中、下旬成熟；在辽宁熊岳国家李杏资源圃，果实7月中旬成熟，发育期约85天。

(3) 生长结果习性　树冠自然圆头形，树姿半开张，树势强。完全花率90%。坐果率为50%，萌芽率为54%，成枝率为48%。花束状果枝占41%，短果枝占35%，中果枝占23%，长果枝占1%。花蕾粉红色，花白色。需配置授粉树，可用张公园

和串枝红杏等作授粉品种。

(4) 抗性及适应性　该品种适应性广，抗寒、抗旱与抗病性均强。适宜在华北温带杏区、西北干旱带杏区栽培。

巴斗杏品质上等，比较丰产，果实酸甜适口，是优良的鲜食和加工兼用品种。

8. 金皇后

(1) 品种来源　由陕西省果树研究所选育而成，2004 年 7 月通过品种审定。现已在山东及辽宁南部等地试栽。

(2) 果实经济性状　果实长圆形。平均单果重 85 克，最大单果重 150 克。果顶平；缝合线浅。果皮底色橙黄，部分果阳面有红色晕斑；果面洁净，有光泽。果肉金黄色；质细而致密，多汁，味甜；含可溶性固形物 12.3%。半离核；核中大，仁微苦。果实采收后，经 5～7 天后熟后口味更佳。常温条件下果实一般可放两周左右；在 0℃贮藏条件下，可放 50～60 天。在陕西关中地区，果实 7 月初成熟，发育期为 90 天。

(3) 生长结果习性　树冠自然开心形，树姿半开张，树势中庸。自然坐果率高。4 年生树每亩产量为 2 475 千克。以短果枝和花束状果枝结果为主。需配置授粉树。

(4) 抗性和适应性　该品种适应性强，花期较晚，可避开晚霜危害。适宜在华北温带杏区栽培。

金皇后果实肉质致密，耐贮运，是鲜食及加工兼用的品种。

9. 唐汪川大接杏

(1) 品种来源　别名桃杏。原产于甘肃省东乡族自治县唐汪川，为杏树地方良种。1987 年被甘肃省评为优质农产品。现在甘肃、陕西、宁夏、辽宁、内蒙古、青海等地栽培。

(2) 果实经济性状　果实卵圆形。平均单果重 90.3 克，大果重 150.0 克；果实纵径 5.5 厘米，横径 5.5 厘米，侧径 5.5 厘米。果顶尖圆；缝合线深而显著，片肉对称；梗洼中深。果皮橙黄色，着红色；果面斑点小而稀，紫褐色，有茸毛；果皮中厚，

难剥离。果肉橙黄色，近核处黄色；肉质细，致密，柔软，纤维少，汁多，味酸甜适度，香味浓；含可溶性固形物15.8%，总糖9.9%，总酸1.6%，每100克果肉含维生素C 9.2毫克，pH为4.8。离核或半离核；核椭圆形；仁甜，饱满。可食率96.0%。常温下果实可贮放3～5天。在原产地，果实7月上、中旬成熟，发育期为90天。

(3) 生长结果习性　树冠自然圆头形，树姿开张，树势强。完全花率50%，自然坐果率32%。萌芽率66%，成枝率46%。4年生树开始结果，10年生树进入盛果期，10～15年生树株产果75～300千克，80年生树仍可株产果200千克以上。以短果枝和花束状果枝结果为主。需配置授粉树，可用华县大接杏、临潼银杏和串枝红杏等作授粉品种。

(4) 抗性和适应性　该品种抗寒、抗旱，适应性强，丰产。可在华北温带杏区、西北干旱带杏区栽培。

唐汪川大接杏果实极大，外观美丽，酸甜适度，香味浓，品质极上等，为鲜食及加工兼用良种。

10. 红金臻

(1) 品种来源　红金臻杏原产于山东省招远。由招远县农业局从地方品种中选出，1988年7月通过山东省农作物品种审定委员会鉴定并命名。

(2) 果实经济性状　果实卵圆形。平均单果重80.0克，最大单果重120克；果实纵径5.3厘米，横径5.0厘米，侧径4.9厘米。果顶圆或平；缝合浅明显，片肉较对称；梗洼中广而深。果皮橙红色，果面光洁，阳面有红晕。果肉橙红色；肉质较细，汁多，味酸甜，有香气；含可溶性固形物13.9%，总糖6.6%，总酸1.4%，每100克果肉含维生素C 10.2毫克。离核；仁甜。可食率95.0%。在辽宁熊岳国家李杏资源圃，果实7月中旬成熟，在山东招远地区，果实7月8～12日成熟，发育期90天左右。

(3) 生长结果习性　树冠自然圆头形，树姿开张，树势较强。萌芽率与成枝率均高。结果较早，一般定植后3年开始结果；较丰产，10～20年生树株产90～150千克。初果期中、长果枝较多，成龄树以短果枝结果为主。需配置授粉树，可用花期与之相近的大拳杏等作授粉品种。

（4）抗性和适应性　该品种适应性广，抗逆性强，抗干旱，耐瘠薄。适宜在华北温带杏区栽培。

红金臻结果早，丰产，果实个大，而且比较整齐，加工性能好，制脯片大，出脯率高达25.8%，品质优良，为优良的晚熟鲜食和加工兼用杏品种。

11. 海东杏

（1）品种来源　原产于陕西省西安市，为杏树地方品种。主要分布于陕西西安、青海民和与辽宁熊岳等地。

（2）果实经济性状　果实近圆形。平均单果重54.0克；果实纵径4.5厘米，横径4.8厘米，侧径4.0厘米。果顶平；缝合线中深而广，显著，片肉对称；梗洼深而较广。果皮底色深黄，阳面略带紫色晕。果肉深黄色；肉质细，采收时较硬，存放后柔软、多汁，纤维中多，味酸甜；含可溶性固形物11.6%，总糖6.0%，还原糖2.0%，总酸2.6%，每100克果肉含维生素C 6.9毫克，pH为4.0。离核；仁甜，饱满。常温下果实可贮放12天左右。在辽宁熊岳，果实7月中旬成熟；在青海省民和地区，果实7月中、下旬成熟，发育期约90天。

（3）生长结果习性　树冠半圆形，树姿极开张，树势中庸，1年生枝粗壮，节间长2.5厘米，花白色。萌芽率为76%，成枝率33.4%。自然坐果率56%。5年生树开始结果，成龄树株产果200～250千克，以短果枝结果为主。需配置授粉树。

（4）抗性和适应性　该品种适应性广，抗寒、抗旱、抗病性均强。适宜在华北温带杏区栽培。

海东杏果实较大，色泽鲜艳，味酸甜，品质中上等，是一个丰产性较好的优良鲜食品种。

（五）极晚熟品种

李光杏

（1）品种来源　原产于新疆维吾尔自治区。1987年荣获甘肃省优质农产品称号。现分布于新疆、甘肃、河北、内蒙古、辽宁、四川和陕西等地，以新疆、甘肃和河北栽培较多。

（2）果实经济性状　果实圆形。平均单果重21.3克，大果重28.0克；果实纵径3.5厘米，横径3.4厘米，侧径3.3厘米。果顶平；缝合线浅而广，显著，片肉较对称；梗洼浅而窄，波状。果皮淡黄色；果面红，果点小而多，明显，无茸毛，具蜡质；果皮中厚，坚韧难剥离。果肉黄绿色；肉质硬韧，纤维细而少，汁中多，味甜；含可溶性固形物12.5%，总糖6.8%，总酸0.7%，每100克果肉含维生素C 9.4毫克，pH为4.6；硬度为10.2千克/厘米^2。半离核；仁甜，饱满。可食率98.7%。在辽宁熊岳国家李杏资源圃，果实7月下旬成熟，发育期约92天。

（3）生长结果习性　树冠自然半圆形，树姿半开张，树势中庸。花白色；夏季叶片抱合。完全花率52%，自然坐果率49%。萌芽率74%，成枝率46%。4年生树开始结果，成龄大树株产杏100～300千克。以短果枝和花束状果枝结果为主。

（4）抗性和适应性　该品种较抗寒、抗旱，耐瘠薄，适应性强，分布广。适宜在华北温带杏区和西北干旱带杏区栽培。

李光杏果实虽小，但品质好，晚熟，耐贮运。果实可用于制干、制罐、制脯和仁用，是鲜食与加工兼用良种。

（六）加工品种

1. 串枝红

（1）品种来源　原产河北省巨鹿孔家寨、柴尚庄，已有300多年的栽培历史。2000年农业部定该品种为优异种质资源。目前在河北省邢台市有大面积栽培，河南、山西、北京、辽宁、山东、甘肃、四川和黑龙江等地也有栽培。

（2）果实经济性状　果实卵圆形。平均单果重52.5克，大果重 150.0 克；果实纵径 5.0 厘米，横径 4.7 厘米，侧径 4.62 厘米。果顶微凹；缝合线浅，显著，片肉不对称；梗洼深窄。果皮底色橙黄色，着 3/4 片状紫红色。果肉橙黄色；肉质硬脆，纤维细、少，汁液少，味甜酸；含可溶性固形物 10.2%，总糖 7.1%，总酸 1.6%，每 100 克果肉含维生素 C 9.1 毫克，硬度为 17.3 千克/厘米^2。离核；仁苦，饱满。可食率 96.0%。鲜食，品质中上。果实在常温下可贮放 7～10 天。在河北省石家庄果树研究所，果实 6 月下旬成熟，发育期为 90 天。

(3) 生长结果习性　树冠半圆形，树姿开张，树势中庸。1 年生枝粗壮，节间长 1.5 厘米。花粉白色。完全花率 51%，自然坐果率 32.4%。萌芽率 44%，成枝率 6%。2 年生开始结果，6～7 年生树每亩产量达 3 500～4 000 千克，10 年生树每亩产量近 5 000 千克。成龄大树株产可达 150 千克左右。以短果枝和花束状果枝结果为主。自花不结实，或结实率低，可用金太阳、凯特和二红杏等作授粉品种。

(4) 抗性和适应性　该品种抗寒、抗旱，适应性强。

串枝红极丰产、稳产，果个大，外观美，耐贮运，是鲜食、加工兼用优良品种。用其加工的罐头、果脯、果茶等，远销我国港、澳地区和东南亚地区，很受市场的欢迎，可大面积发展。

2. *石片黄*

(1) 品种来源　原产于河北省怀来县官厅镇石片村，集中分布于怀来的官厅、孙庄子、李官营及桑园。近年已在河北、内蒙古和辽宁等地引种栽培。以其为原料生产的杏脯，1986 年曾荣获中国乡镇企业杏脯产品质量第一名称号，1997 年获河北省博览会优质产品奖；2000 年，该品种的果实被河北省工商局注册为“官厅湖”牌“石片黄杏”。

(2) 果实经济性状　果实阔圆形，平均单果重 30.8 克，大果重 40.0 克；果实纵径 3.5 厘米，横径 3.6 厘米，侧径 3.6 厘米。果顶平；缝合线浅、广，片肉较对称；梗洼中深、中广，近圆形；果柄长0.7厘米。果皮暗黄色，阳面有红晕及斑点。果肉橙红色；硬韧，纤维少，果汁中多，味酸甜，有香气；含可溶性固形物13.5%，总糖8.1%，总酸1.1%，每100克果肉含维生素C 10.5毫克。离核；仁甜。可食率95.0%。果实在常温下可贮放3～5天。在河北怀来，果实7月上旬成熟，发育期为85天。

(3) 生长结果习性　树冠圆头形或自然半圆形，树姿开张，树势中庸。1年生枝粗壮。花白色，完全花率53%。萌芽率75%，成枝率31%。3～4年生开始结果，7年生进入盛果期，成龄树株产150千克。结果寿命可达百年以上。以短果枝和花束状果枝结果为主，结果枝寿命3～8年。

石片黄较丰产。果肉硬韧，香气浓，制杏脯质量极佳，品质上，晚熟，是优良的鲜食、加工品种。

3. 赛买提

(1) 品种来源　赛买提是原产于新疆英吉沙的杏树地方品种。现分布于南疆各地。

(2) 果实经济性状　果实椭圆形。平均单果重28.0克；果实纵径3.7厘米，横径3.5厘米。果顶凹；缝合线明显，片肉不对称。果皮底色橙黄色，着片状红晕；光滑，无茸毛。果肉橙黄色；肉质细腻，纤维多，汁中多，味甜，微香；含可溶性固形物26.0%，总糖15.0%，总酸1.3%。离核；仁甜，饱满。在新疆莎东，果实6月下旬成熟，发育期为80～85天。

(3) 生长结果习性　树冠扁圆形或半圆形，树姿开张，树势中庸。自然坐果率为25%。萌芽率为47%，成枝率为36%。4年生树开始结果，10年生树进入盛果期，株产果100千克。以短果枝及花束状果枝结果为主。

(4) 抗性和适应性　该品种抗寒，抗旱，抗风力较强，可抗－27℃的低温，适应性强。适宜在华北温带杏区和西北干旱带杏区栽培。

赛买提丰产，是优良的制干、制脯、制汁、仁用和鲜食

品种。

4. 孤山大杏梅

(1) 品种来源 原产于辽宁省东沟县大孤山镇，故得名。因其个大，当地又称其为大杏梅。至今已有100多年的栽培历史。为辽宁省名果之一。现已在辽宁和北京等地栽培。

(2) 果实经济性状 果实卵圆形。平均单果重75.0克，最大单果重110.5克；果实纵径4.9厘米，横径4.5厘米，侧径4.3厘米。果顶尖圆；缝合线浅而显著，片肉不对称；梗洼深，中广。果皮橙黄色，阳面着红色；果面斑点小而多，红色，有茸毛；果皮较薄，易与果肉剥离。果肉橙黄色；肉质细，密而软，纤维少，汁中多，味酸甜适度，有香味；含可溶性固形物12.9%，总糖6.7%，总酸1.9%，每100克果肉含维生素C 8.4毫克，pH为3.3。离核；仁甜。常温下果实可贮放5～7天。在辽宁熊岳国家李杏资源圃，果实6月下旬成熟，发育期约68天。

(3) 生长结果习性 树冠自然开心形，树姿开张，树势中庸。当年生枝较粗壮，新梢平均长62.2厘米，粗1.1厘米；节间长1.9厘米。萌芽率为56%，成枝率为14.8%。4年生树开始结果，7年生树进入盛果期，株产果可达40千克。以短果枝和花束状果枝结果为主。需配置授粉树。

(4) 抗性及适应性 该品种耐瘠薄，适应性强。适宜在华北温带杏区栽培。

孤山大杏梅果实大，外观美丽，品质极上等，为鲜食和加工兼优品种。用其果实制成糖水罐头，块大，均匀，光滑完整，色泽橙黄，风味极佳，为辽宁省的优良制罐品种。

(七) 保护地栽培品种

1. 金太阳

(1) 品种来源 原产于欧洲，亲本不详。1993年由山东省果树研究所引进我国。在我国各杏产区都有栽培。

(2) 果实经济性状 果实近圆形。平均单果重66.9克，大

果重 80.0 克。果顶平；缝合线浅平，片肉对称。果皮底色为金黄色，阳面着红晕；果面光滑。果肉黄色；肉质细，纤维少，汁液较多；在保护地栽培，果肉含可溶性固形物 8.9%，总糖 5.9%，总酸 2.1%，每 100 克果肉含维生素 C 7.5 毫克；在露地栽培，果实完全成熟时，果肉含可溶性固形物 14.7%，总糖 13.1%，总酸 1.1%。离核。可食率 96.8%。在石家庄果树研究所，果实 6 月初成熟，发育期约 60 天。

（3）生长结果习性　树姿开张，树势中庸。花器发育完全，退化花比例少，大多数花雌蕊柱头略高或等高于雄蕊。萌芽力中等，成枝力强。据石家庄果树研究所调查，自花不结实或结实率极低，需配置授粉树，可用甘玉、凯特、串枝红等作授粉品种。

（4）抗性和适应性　该品种适应性强。适宜在华北温带杏区、西北干旱带杏区及东北寒带杏区南部进行保护地栽培。也适宜在华北温带杏区进行露地栽培。

金太阳外观美丽，成熟早，丰产性强，是适于露地和保护地栽培的早熟品种。

2. 凯特杏

（1）品种来源　原名 Katy，原产于美国加利福尼亚州，山东省果树研究所从美国加州引入我国。现已在我国杏产区推广种植。

（2）果实经济性状　果实椭圆形。平均单果重 105 克，最大单果重 130 克。果顶较平圆，缝合线中深而明显，片肉不对称；梗洼深，中广。果皮底色橙黄，果面红果点多，阳面有少量红晕。果肉橙黄色；肉质硬脆，纤维细，汁多，味酸甜，无香气。在保护地栽培，果肉含可溶性固形物 10.0%，总糖 10.9%，总酸 0.9%；在露地栽培，果肉含可溶性固形物 12%，总糖 7.4%，总酸 2.0%，每 100 克果肉含维生素 C 7.3 毫克。离核，仁苦。果实较耐贮运。在河北省石家庄果树研究所，果实 6 月上中旬成熟，发育期约 69 天。

（3）生长结果习性　树势中庸。萌芽力、成枝力均较强。栽

后第二年开始结果，4 年生密植园每亩产果 2 000 多千克。成花容易，自花结实力强。

（4）抗性及适应性　该品种对土壤要求不严格，耐瘠薄，抗盐碱，适应性强。保护地适宜在华北温带杏区、西北干旱带杏区和东北寒带杏区南部栽培。露地适宜在华北温带杏区栽培。

该品种果实大，外观较美，较耐贮运，成花早，花量大，自花结实力强，极丰产。适宜露地和保护地栽培。

3. 9803 杏

（1）品种来源　原产于浙江省。系辽宁省果树研究所李杏研究室从 40 多个杏品种中筛选出的早果、优质、丰产和低需冷量品种。1998 年 5 月通过辽宁省省级现场验收。现已在辽宁、黑龙江、山西、陕西、河南、山东和北京等省、市建立示范园，取得了一定的社会效益和经济效益。

（2）果实经济性状　在保护地内，果实扁圆形。平均单果重 82 克，最大单果重 120 克。果顶平微凹；缝合线深。果皮橙黄色，有条状红霞；果面光洁。果肉橙黄色；肉质细软，汁液多，味酸甜适口，具浓香；含可溶性固形物 11.5%，总糖 8.8%，总酸 2.2%。在露地栽培，含可溶性固形物 14.0%，总糖 14.5%，总酸 0.3%，每 100 克果肉含维生素 C 2.80 毫克。离核；仁苦。

（3）生长结果习性　树姿半开张，树势强。新梢生长旺盛，当年可萌发 4 次枝，并形成花芽。花蕾红色，花瓣粉红色。萌芽率 74.5%，成枝率 16.4%。温室定植 1 年生苗，当年成花，当年升温，第二年春季见果，最高株产可达 4 千克，第三年最高株产量可达 9.9 千克。定植 2～3 年生苗，当年成花，第二年见果，第三年每亩产量可达 500～700 千克，是较理想的温室栽培品种。需冷量约 550 小时。

（4）抗性和适应性　该品种适应性强。适宜在华北温带杏区和西北干旱带杏区大量栽培，也可在东北寒带杏区南部栽培。可在适合保护地栽培地区大量发展。

9803 杏在辽宁熊岳国家李杏资源圃保护地栽培，12 月上旬升温，翌年 1 月上旬开花，果实在 4 月下旬成熟，比露地提前 50～60 天上市。其果实外观美，是鲜食品质上等的保护地优良品种。

4. 山农凯新 2 号

（1）品种来源　系山东农业大学以泰安水杏为母本，以凯特杏为父本，进行有性杂交，结合胚培技术育成的杏新品种。2004 年通过国家林业局植物新品种权保护办公室组织的专家审定，被授予植物新品种权。

（2）果实经济性状　果实近圆形，稍扁。平均单果重 108.6 克，最大单果重 130 克，果实整齐度高；果实纵径为 5.5～6.5 厘米，横径为 5.6～6.5 厘米；果顶平；缝合线浅而不明显，片肉对称；梗洼圆形，中深。果面光洁，底色为黄色，阳面具红彩色，美观。肉质细，纤维少，汁液中多，具香味，味甜。离核；仁苦。在山东泰安地区，果实 6 月上旬成熟，发育期 65～70 天。

（3）生长结果习性　生长势强。枝条较直立，节间长 1.8～3.2 厘米。叶片大。雌蕊败育花比率较低，幼树为 24.5%，成龄树为 11.6%。该品种萌芽率及成枝率均较高，易形成短果枝。早果性强，幼树定植或高接后第二年就能开花结果，幼树长、中、短果枝均坐果良好，4 年生以上树以短果枝结果为主。自花结实率为 13.8%。

（4）抗性和适应性　该品种适应性强。可在西北干旱带杏区和华北温带杏区试栽。

山农凯新 2 号果个大，品质上等，丰产，早果，为保护地栽培品种。

二、仁用杏品种

1. 龙王帽

（1）品种来源　别名大扁、大龙王帽、西口王帽。原产河北

涿鹿，系地方古老品种。分布于河北、辽宁、北京、天津、山西、陕西、甘肃、宁夏、山东、黑龙江和内蒙古等地。

(2) 果实经济性状　果实卵圆形。平均单果重 17.4 克，大果重 24.0 克。果皮橙黄色；果肉橙黄色；肉质硬，纤维多、粗，汁极少，味酸涩，成熟时果肉自行开裂；含总糖 3.9%，总酸 2.1%，每 100 克果肉含维生素 C 5.7 毫克。离核；核卵圆形，大而扁，基部宽，较平，有沟纹，顶端尖，棕黄色，干核平均重 2.3 克；出核率 17.3%。仁甜，略有余苦，饱满，扁平肥大，呈扁圆锥形，基部平整；干仁平均重 0.84 克，含粗脂肪 57.8%，蛋白质 26.6%；出仁率 37.6%。在河北省蔚县，果实 7 月中旬成熟，发育期约 90 天。

(3) 生长结果习性　树冠自然圆头形，树姿半开张，树势强。完全花率 90%，自然坐果率 20%。萌芽率 64%，成枝率 26%。2～3 年生开始结果，7～10 年生进入盛果期，经济寿命长达 70～80 年，百年以上老树仍有相当产量，成年树株产 100～150 千克，可出杏仁 8～10 千克。以短果枝和花束状果枝结果为主，大小年现象不明显。

(4) 抗性和适应性　抗旱、耐瘠薄，适应性强。在冬季低温－25～－40℃、海拔1 300米的高寒干旱山区仍生长良好，但花和幼果抗寒力较弱，花期遇－2～－3℃低温易遭冻害。

龙王帽适应性强，较丰产，杏仁品质上。在国际上享有盛誉，是我国重要出口土特产品，为珍贵的仁用杏优良品种。果肉可加工杏脯、杏酱、杏酒等多种食品和饮料。可在我国华北、西北、东北干旱地区广泛栽培。

2. 一窝蜂

(1) 品种来源　别名次扁、小龙王帽。原产于河北涿鹿、蔚县等地。主要分布于河北、辽宁、北京、山西、陕西、内蒙古及吉林、黑龙江等地。

(2) 果实经济性状　果实卵圆形。平均单果重 14.5 克，大

果重 18.0 克；果皮橙黄色；果实成熟时沿缝合线自然裂开。果肉橙黄色；果肉厚 0.4 厘米，肉质硬，纤维多，汁少，味酸涩。离核；核较龙王帽小而鼓凸，基部狭，多沟纹，顶端稍尖，核壳深棕黄色，丰收年表面常出现白斑；核纵径 2.3 厘米，横径 1.8 厘米，侧径 1.3 厘米，干核重 1.8 克；出核率 20.5%。仁香甜，稍凸，底端稍斜，呈长心脏形，纵径 1.7 厘米，横径 1.1 厘米，侧径 0.6 厘米，干仁平均重 0.6 克，出仁率 36.0%，含粗脂肪 5.5%。在河北省蔚县，果实 7 月中旬成熟，发育期约 90 天。

(3) 生长结果习性 树冠自然圆头形，树姿半开张，树势中庸。完全花率 59%。萌芽率 94%，成枝率 16%。3 年生开始结果，7 年生进入盛果期，密植栽培 4 年生每亩产杏仁 50 千克。以短果枝和花束状果枝结果为主。

(4) 抗性和适应性 抗旱，耐瘠薄。

一窝蜂适应性强，丰产，杏仁品质上，果肉可加工杏脯、杏酱等，是优良的仁用品种。

3. 白玉扁

(1) 品种来源 别名柏峪扁、臭水扁、大白扁。原产北京门头沟清水镇柏峪村一带。分布于北京、河北、辽宁、黑龙江、山西、陕西和吉林等地。

(2) 果实经济性状 果实侧扁圆形。平均单果重 20.0 克。果顶圆；缝合线深，明显，片肉对称；梗洼窄、浅。果实基部偏斜，故也称歪屁股。果皮绿黄色，无红晕和斑点。果肉绿黄色；肉厚 0.4 厘米，肉质硬，纤维多，汁少，味酸涩，成熟时果肉自行开裂，种核脱落。离核；核近圆形，干核平均重 2.8 克，纵径 2.5 厘米，横径 2.3 厘米，侧径 1.3 厘米；出核率 20.0%。仁甜，香，出仁率 30%；干仁平均重 0.79 克；纵径 1.8 厘米，横径 1.4 厘米，侧径 0.6 厘米。在河北省蔚县，果实 7 月中旬成熟，发育期约 90 天。

(3) 生长结果习性 树冠圆头形，树姿开张，树势中庸。完

全花率76%。萌芽力强，成枝力弱。3年生开始结果，10年进入盛果期。以短果枝和花束状枝结果为主。

(4) 抗性和适应性　抗旱、抗寒，耐瘠薄，适应性强。

白玉扁适应性强，杏仁中大，质优，花期抗寒力稍强，是仁用杏良好的授粉品种。

4. 优一

(1) 品种来源　由河北省蔚县常宁乡安庄村杏扁园中选出。该地年平均气温6℃。

(2) 果实经济性状　果实卵圆形。平均单果重9.6克。离核；核壳很薄，可用牙咬开；单核平均重1.7克，出核率17.9%；仁甜，杏仁呈圆形，凸，干仁平均重0.70克，出仁率43.8%。在当地调查，果实7月中旬成熟，发育期约90天。

(3) 生长结果习性　树冠半圆形。树势中强。成枝力强。盛果期株产2.73千克。以中、短果枝和花束状果枝结果为主。

(4) 抗性及适应性　抗旱、抗寒，花期能抵抗－6℃的低温。

优一喜肥、丰产，杏仁口感好，香甜，缺点是隔年结果。

5. 三杆旗

(1) 品种来源　系从河北省蔚县北水泉镇杨庄村杏扁园中选出。该地年均温度6℃。

(2) 果实经济性状　果实圆形，平均单果重7.5克。果肉薄。离核；核壳稍厚，单核重1.5克，出核率20%。仁近圆形或略长圆，仁甜，饱满，干仁平均重0.68克；出核率39.8%。在当地调查，果实7月中旬成熟，发育期约90天。

(3) 生长结果习性　树冠自然开心形，树姿开张，树势中庸。5年生树产仁0.38千克。以短果枝和花束状果枝结果为主。

(4) 抗性和适应性　抗旱，耐寒。

三杆旗丰产，早产，花期能抗－6℃低温。出仁率高，杏仁端正、饱满、仁甜、肉细密。可在河北、辽宁等仁用杏主要产区栽培。

6. 超仁

（1）品种来源　原产河北涿鹿，是龙王帽的株选优系，原代号79A07。1992年由辽宁省果树研究所选出，1998年6月通过辽宁省品种委员会专家组的现场验收与鉴评并命名。河北、辽宁、山东、山西、陕西、甘肃、新疆等地均已引种试栽成功。

（2）果实经济性状　果实扁卵圆形。平均单果重16.7克，大果重24.0克。果顶圆，凸；缝合线深，明显，片肉对称；梗洼中深。果皮橙黄色；果皮较厚，难与果肉剥离。果肉橙黄色；肉薄，肉质粗，汁极少，味酸涩，成熟时果肉自然开裂。含总酸2.1%，每100克果肉含维生素C 2.2毫克；硬度12.9千克/厘米^2。离核；核卵圆形，核面光滑，壳薄，出核率18.5%，干核平均重2.2克。仁甜，饱满，干仁平均重0.6克，仁含蛋白质26.0%，脂肪57.7%。出仁率41.1%。在辽宁熊岳，果实7月下旬成熟，发育期约90天。

（3）生长结果习性　树冠自然圆头形，树姿半开张，树势中庸。完全花率61%。自花结实率4%，自然坐果率33%。萌芽率55%，成枝率20%。8～10年生平均株产57.0千克，产仁4.3千克。以短果枝和花束状果枝结果为主。

（4）抗性和适应性　田间观察，休眠前急剧降温和休眠期出现1天－31.7℃并持续7天－27～－28℃，未发生冻害，但在－40℃时冻死。抗旱、耐寒，抗风，适应性强。

超仁适应性强、丰产、仁大、味甜、质优，可在西北、华北、辽宁等地栽培。

7. 国仁

（1）品种来源　原产河北省涿鹿，是一窝蜂的株选优系，代号80A01。1992年由辽宁省果树研究所选出，1998年6月通过辽宁省品种委员会专家组现场验收与鉴评并命名。2000年通过辽宁省农作物品种审定委员会审定。河北、辽宁、吉林、山东、山西、陕西、甘肃、新疆等地均已试栽成功。

（2）果实经济性状　果实扁卵圆形。平均单果重14.1克，大果重16.5克。果顶圆；片肉对称；梗洼浅、窄。果皮橙黄色；难剥离。果肉橙黄色；肉质松软，纤维多，汁少，味酸涩，成熟时果肉自行开裂；含可溶性固形物7.0%，单宁0.81%，总糖4.2%，总酸3.1%。每100克果肉含维生素C 17.8毫克，pH3.6；果实硬度17.5千克/厘米^2。离核；核卵圆形。干核平均重2.4克，纵径2.7厘米，横径2.0厘米，侧径1.2厘米。仁甜，饱满，干仁平均重0.88克，仁含蛋白质27.5%，脂肪56.2%。在辽宁省熊岳，果实7月下旬成熟，发育期约90天。

（3）生长结果习性　树冠自然圆头形，树姿半开张，树势中庸。自花不结实，自然坐果率30%。萌芽率55%，成枝率50%。8～10年生树株产51.3千克，产仁4.1千克。以短果枝和花束状果枝结果为主。

（4）抗性和适应性　抗寒，抗旱，抗病虫能力较强。

国仁丰产、果实小、汁少、品质差，但果实维生素C含量高，可作药用，是优良的仁用兼加工品种。

8. 迟梆子

（1）品种来源　产于陕西省华县杏林、南王堡一带，在当地广为栽培。分布于陕西、辽宁、河北等地。

（2）果实经济性状　果实圆形。平均单果重25.5克，大果重30.0克。果顶偏平，微凹；缝合线中深、广，显著，片肉不对称；梗洼中深、窄。果皮黄色，阳面少红晕；果面上有密集的紫红点，茸毛短；果皮厚，不易剥皮。果肉橙黄色；肉质硬，厚，纤维粗、多，汁少，味酸甜；含可溶性固形物12.5%，总糖9.7%，总酸1.3%，每100克果肉含维生素C 9.9毫克，pH3.5；硬度17.2千克/厘米^2。离核；核卵圆形，干核重1.3克；纵径2.7厘米，横径2.0厘米，侧径1.6厘米；出核率11.2%。仁甜，饱满，干仁平均重0.33克；仁纵径1.5厘米，横径1.1厘米，侧径0.7厘米；干核出仁率25.4%。鲜食品质

中上。在辽宁省熊岳，果实 7 月中、下旬成熟，发育期约 92 天。

（3）生长结果习性　树冠自然圆头形，树姿半开张，树势强。完全花率 29%。萌芽率 51%，成枝率 27%。栽植后 2～3 年开始结果，15 年生树株产 70～80 千克。以短果枝和花束状果枝结果为主。

（4）抗性和适应性　适应性强。

迟梆子丰产，不易落果，耐运输，为仁、干兼用品种。杏仁加工品近年来远销国际市场，销路很广。

第三章　杏优质栽培的生物学基础

一、杏树的主要器官及生长发育特性

(一) 根系

杏是多年生、深根性果树。根系的生长活动、分布范围与地上部分的生长结果能力、寿命长短、树势、抗逆性和适应性都有着十分密切的关系，因此，根系是杏树整个机体的一个重要组成部分。

1. 根系的组成及各部分的生理功能　杏树的根系由主根、侧根和须根组成（图 3-1）。

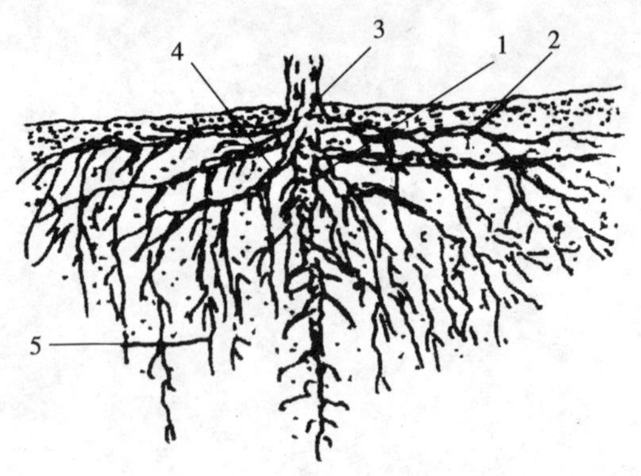

图 3-1　杏树根系组成

1. 主根　2. 水平根　3. 根颈　4. 侧根　5. 毛根

（1）主根和侧根

①主根：是由种子中的胚根发育而成，在土壤中呈垂直生长状态，又叫垂直根。

②侧根：是着生在主根上的大根，近地表的呈水平方向生长，深层的呈垂直生长状态。

主根和侧根组成了根系的骨架，故又称骨干根。其主要作用是支持和固定树体，运输养分和水分，还是贮藏养分的重要器官。

坐地苗和实生苗有主根，而嫁接苗经移栽后，主根欠发达。

（2）须根　须根是生长在主、侧根末端的小根，数量多，粗度不过1毫米，生理上最活跃。新生须根是吸收水分和养分的主要部位。

2. 根系的分布　杏是深根性树种，其根系发达，分布范围深、广，垂直根伸展力较强，可深入土壤的深层。根系的生长和分布除因砧木种类不同外，还受土质、土层厚度和栽培措施等因素的影响。

如生长在干旱地区，土层深厚地块的多年生杏树，垂直根可深入7～8米的土层中。一般情况下，杏的主要根群多分布在地表以下100厘米的土层中，尤以地表以下50厘米的土层中最多，可占全部根系的80％以上。但山区土壤瘠薄，土层较浅，根系多集中于表层。生长在山坡的山杏有80％以上的根系集中在地表以下30厘米的土层内。

杏的水平根伸展力极强，其长度可达树冠的2～5倍，但以树冠垂直投影范围内最多。

因为杏有发达的根系，又由于其根组织的细胞体积较小，细胞排列紧密，厚壁细胞的胞壁较厚，组织不易失水，才使杏树具有很强的抗旱能力，对于干旱的生态地理环境有较强的适应性。

3. 根系的年生长动态　根在一年中没有绝对休眠期，根尖分生组织只有短暂的相对休眠期，如果温度、水分和通气条件得到满足，则全年均可生长。但在一般条件下，杏树根系开始活动的时间要比地上部分早，是落叶果树中活动最早的树种，其停止生长晚，发育时间较长。一般年份当土壤温度达 0.5℃时即开始活动，6～7℃活动明显，但当达到 30℃时，根系的活动受到高温影响而滞育，其最适活动温度为 21～22℃。

在华北地区，杏的根系于 3 月下旬开始生长，一年内有 4 次生长高峰。

5 月上旬根系生长达第一次高峰期，在这期间地上部新梢和果实生长也出现高峰，几乎和根系生长高峰同步进行。6 月中旬根系开始出现第二次迅速生长，6 月下旬至 7 月上旬果实采收后，进入第二次根系生长高峰期，此时根系生长和新梢生长同步进行。9 月上旬新梢停止生长以后到落叶，根系又加强生长，出现了第三次生长高峰。10 月下旬至 11 月上旬，土壤冻结以前，根系又有一次小的生长高峰，但高峰时间较短，峰值也远小于前 3 次。

根颈即根与颈交界的部分，是杏树地上部和地下部进行营养及水分运输的关键部位，生理上最活跃，也最敏感，其进入休眠期最晚而解除休眠最早，而且休眠不深；又因它接近地面，是最易遭受伤害和冻害的部位，应注意加以保护。在栽植时不可将根颈部埋得过深或裸露于地面，否则会影响根及地上部的生长和发育。

杏的根系同其他果树一样，有趋肥性和趋水性，合理的耕作制度和科学的肥水管理，可保证根系有充足的营养和水分供应。土壤缝隙的增加，改善根部的通气状况，有利于根系的发育和延长根的寿命。栽培中应有目的地将根系向纵深而广的范围引导，以提高其抗旱及耐瘠薄能力。

（二）枝干

杏属于乔木果树，地上部由树干和树冠组成。

1. 树干　树干支持着树冠，是沟通地上部与地下部的重要

通道。发育良好的树干对于整个杏树的正常生长和负载较大的产量是非常必要的。在栽培管理中，尤其是幼树成形阶段，特别要保护好树干，使其不受损伤。幼树树干表面光滑，成年树的树皮十分粗糙，多呈块状暴裂，这些粗糙的裂缝常成为病、虫越冬和栖息的场所。

2. 树冠

（1）树冠组成　树冠由中心干、主枝和各级侧枝组成骨架，在其上着生着各种枝条和枝组。主枝在中心干上呈层状分布，主枝与中心干的角度常因品种不同而异，直立性品种角度较小，在40°～45°左右，而开张性品种则在50°左右。由于杏的干性不强，一些开张性强的种和品种，常无明显的中心干。

（2）树冠大小　树冠的大小主要受环境条件和栽培水平的影响，还受砧木种类不同的影响。在立地条件较好或管理水平较高的果园，地上部高可达6～10米，冠径可达10～15米；在土壤瘠薄的山地杏园，栽培管理又跟不上，树高仅3米左右。一般使用普通杏做砧木比山杏做砧木的树冠较大。杏树寿命较长，通常可达百年以上，管理好的百年杏树株产量仍可达到250～300千克。

（3）长势　地上部生长势较强，幼树生长量较大，新梢最大年生长量可达2米。随着树龄的增长，结果量增大，新梢的生长势逐渐减弱，一般年份生长量为30～60厘米。进入盛果期后，新梢的生长势进一步减弱，年生长量仅10厘米左右。

（4）新梢生长动态　杏树新梢的生长是在开花以后开始的，适于杏树新梢生长的温度是20～25℃。在年生长周期内，新梢加长生长有2～3次高峰，加粗生长则没有明显的高峰。据调查，在石家庄，新梢的第一次生长高峰期为新梢自叶芽抽出后的15～20天，大约在5月中旬至5月下旬第一次生长停止，形成春梢，幼树和肥水比较充足的成年树，当进入雨季之后有的新梢有第二次生长高峰（形成夏梢）和第三次生长高峰（形成秋梢）。第一次生长部位节间较长，其上的芽比较充实。第二次生长，节间较短，在树势强旺的情况下，第二次生长部位能形成发育充分的花芽。第三次生长部位多较纤细，节间短，且多形成一些密集的小芽，第二年这些部位多不能抽生壮枝。杏树新梢每次停止生长均伴随着枯顶现象，即顶芽生长点自行枯萎脱落，再生长时由第一侧芽萌发后继续延伸。新梢年生长动态如图 3-2 示。

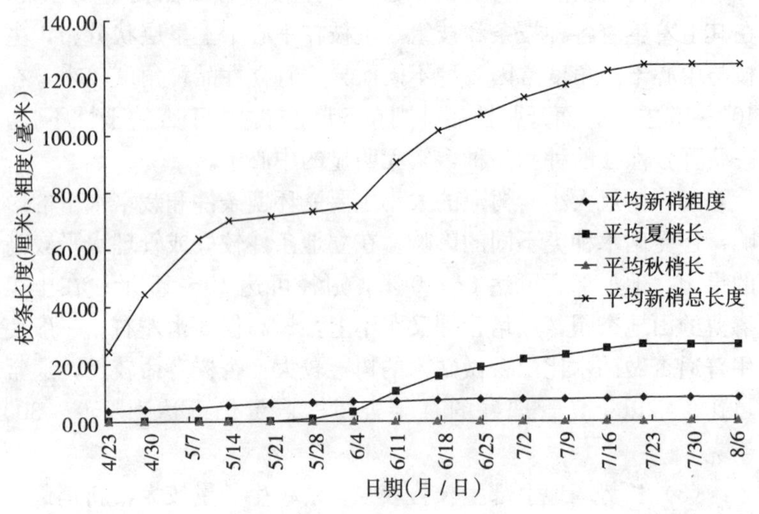

图 3-2　串枝红杏新梢年生长动态

（石家庄，2007 年）

（5）枝条组成　杏树 1 年生枝条可以分为生长枝和结果枝两大类。

①生长枝：以营养生长为主，包括发育枝、徒长枝和针刺状枝。

发育枝：其上只着生叶芽，多着生于大枝的先端作为延长枝，起扩大树冠和增加结果部位的作用。有的发育枝上有花芽，也可开花结果。

徒长枝：常发生在幼树上或大的剪锯口附近，其生长迅速，

节间很长，很少分枝，枝芽不充实，缺枝时可利用。

针刺状枝：发生于杏幼树的主干或下部的主枝上，其细而短，多在5～10厘米，尖削度较大，节间较短，且常无顶芽，这些小枝长成后就不再延伸，但可以产生花束状果枝，应保留用以早期结果，不可疏除和短截。针刺状小枝的寿命很短，一般在结果2～3年后即自行枯死。

②结果枝：杏结果枝的基部为叶芽；中部和上部为复芽，中部由1个叶芽和1～3个花芽并生，上部为1个叶芽和1个花芽并生；顶芽为叶芽。根据其长度和其上花芽着生的数量，可分为长果枝（长度在30厘米以上）、中果枝（15～30厘米）、短果枝（5～15厘米）和花束状结果枝（5厘米以下，只有顶芽为叶芽，其余为花芽）4类。

长果枝：在初结果的幼树上较多，长度可达1米以上，花芽着生在枝条中、上部。但此类果枝往往花芽不太充实，且因生长旺盛、坐果率较低，不宜留作结果枝用，可用其扩大树冠或短截后改造成枝组。

中果枝：基部为叶芽（潜伏芽）或单花芽，中部和上部为复芽，多数为1个叶芽和1个花芽并列，顶部为叶芽。其生长中庸，坐果率高，是初结果树的主要结果部位，随树龄增加中果枝的数量逐渐减少。

短果枝：基部2～3芽为潜伏芽，以上为单花芽或与叶芽并生，少数节上有双花芽，顶芽为叶芽。其一般比较细，但坐果率最高。幼树短果枝的数量较少，随着树龄增加，短果枝的比例增大。短果枝和中果枝是盛果期树的主要结果部位。

花束状结果枝：节间极短，基部1～2芽为潜伏芽，各节着生的芽大部为花芽，单花芽或双花芽，只有顶芽为叶芽。有一些花束状果枝根本无叶芽。花束状结果枝在各年龄时期的杏树上都有，但以衰老树最多。

杏树形成果枝的能力很强，在一个2年生大枝上可以发现上述 4 种类型的结果枝。一般长果枝在先端，中果枝居后，中部和基部着生短果枝和花束状果枝（图 3-3）。

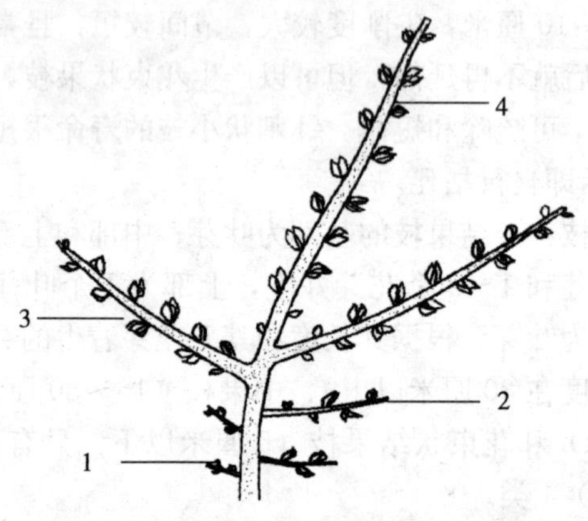

图 3-3　2 年生枝上的不同类型的结果枝

1. 花束状果枝　2. 短果枝　3. 中果枝　4. 长果枝

结果枝中一般以短果枝和花束状果枝的结实力较强，但寿命较短，一般不超过 5～6 年，个别花束状果枝结果后就会枯死。为了延长结果枝的寿命，除加强肥水、增强树势外，还可采用短截的方法对中、短果枝进行修剪，以减少一部分花芽，并可以促进叶芽发育成新的结果枝。花束状果枝因只有一个顶芽是叶芽，故不可短截，过多时可以疏间。

品种间结果枝的组成稍有差异；在同一品种或同一株树上，果枝类型和比例还会因枝的长势不同而异，枝组年龄越大，短果枝和花束状果枝的比例也越大。

（三）芽

1. 芽的种类　杏的芽按其构造和功能分为花芽和叶芽。花芽较肥大、饱满，外被鳞片，属纯花芽，萌发后形成一朵花。叶芽也有鳞片包被，但比较瘦小，其着生于叶腋间，萌发后长成枝条和叶片。

2. 芽的排列　杏的花芽根据着生的方式可分为单花芽和复

花芽。每节上只着生一个花芽的叫单花芽，单花芽多着生在中、长果枝的基部和顶部，形态较瘦小，坐果率不高。每节上着生两个以上的花芽叫复花芽，最常见的是两个花芽，中间夹着一个叶芽的复花芽，还有三花芽、四花芽，甚至更多花芽的复花芽。复花芽坐果率高，多分布在枝条的中部。复花芽的多少除因品种和枝条种类不同而有差别外，还与营养水平有密切关系，当肥水条件好时，形成的复花芽多；反之则少。

3. 花芽分化　花芽的数量和质量是杏优质、高效生产的基础和保证。因此，花芽分化是一个非常重要的生长发育过程，正确掌握花芽分化时期及影响花芽分化的因素是十分必要的。

花芽分化分生理分化和生态分化两个阶段。生理分化是叶腋间的雏形芽发生一系列生理上的变化，从营养生长转变为生殖生长。形态分化是在生理分化的基础上，雏形芽在形态上向花芽转变，由花原基的出现经过若干互相连接又各有特征的阶段，一直到形成完整的雌、雄性器官。杏花芽的形态分化时期可分为未分化期、分化初期、萼片分化期、花瓣分化期、雄蕊分化期和雌蕊分化期，李利红等（2001）、张国良等（2000）对杏的花芽分化进行了详细的观察，不同品种的形态分化时期见表 3-1。

表 3-1　杏花芽形态分化时期

品种	生长地区	果实发育期（天）	未分化期（月/日）	分化初期（月/日）	萼片分化期（月/日）	花瓣分化期（月/日）	雄蕊分化期（月/日）	雌蕊分化期（月/日）
骆驼黄	河北易县	55～60	6/22 终止	6/23，高峰在 7 月中旬	7/26 至 9 月初，盛期 8 月中旬	8/9 开始，盛期 8 月中、下旬	8/9，盛期 8 月中、下旬	8 月下旬，盛期在 9 月上、中旬
兰州大接杏	陕西杨陵	80～90	7/15 终止	7/5～25	7/15 至 8/5	7/25 至 8/15	8/5 至 9/5	8/15 始
龙王帽	陕西杨陵	90	7/5 终止	7/5～15	7/15～25	7/25 至 8/5	7/25 至 8/15	8/5 始

未分化期：芽的生长点尖而狭小，生长范围内原分生组织层次少，细胞体积小，形状相似，排列整齐。

分化初期：生长点先变宽、肥大，然后向上隆起呈半球状，分化初期最早出现在6月23日，分化高峰在7月中旬，8月中旬仍有少数处在分化初期。

萼片分化期：伸长的生长点，顶端开始变宽且扁平，然后四周产生突起，此突起即为萼片原基。

花瓣分化期：随着萼片的伸长，在其内侧基部产生一轮突起，即为花瓣原基。

雄蕊分化期：在花瓣原基的内侧基部相继出现两轮突起，即为雄蕊原基。

雌蕊分化期：在第二轮雄蕊原基内侧基部，花蕾原始体的中心部出现1个向上生长的突起，即为雌蕊原基。

张国良等对骆驼黄杏的花芽分化观察认为：自10月份以后，整个花蕾体积不断增大，内部各器官明显增长，雄蕊、雌蕊仍进一步发育分化。11月底至翌年1月份，大部分药室出现外层的壁细胞及花粉母细胞，同时也可以看到膨大的子房体内部珠心原始体的分化。

李利红等观察到，在雌蕊原基形成后，龙王帽、兰州大接杏分别于9月5日和9月15日见到子房。龙王帽的珠心原基最早于10月25日出现。雄蕊的蝶形4室或2室花药最早于10月5日，可见到完整的雌蕊（包括胚珠、子房、花柱、柱头二叉）和4室清晰的花药。翌年2月下旬至3月上旬可观察到胚珠分化出内外珠被，同时产生花粉粒，3月中、下旬可观察到大量的内外珠被分化。至内外珠被分化完毕，雌、雄蕊已经做好了授粉受精的准备。

4. 叶芽的特性

（1）早熟性　杏的叶芽具有早熟性，如果环境条件适宜，其在形成的当年就可以萌发，能形成二次、三次甚至四次枝。芽的

早熟性使杏树能够早期形成树冠，早进入结果期。摘心可促使发生二次枝或三次枝，增加结果枝数量。

（2）顶端优势　杏和其他果树一样，存在着顶端优势，即枝条顶部的芽萌发力最强，抽出的枝条最壮。越往下部，芽萌发和成枝的能力越弱。

（3）芽的潜伏性　杏的萌芽力较弱时，只有枝条上部的叶芽可以萌发，而枝条下部的叶芽多不能萌发而形成隐芽，也叫潜伏芽。潜伏芽虽不萌发，但仍保持着萌发的能力，当枝条受到外界刺激时会萌发成健壮的长枝，可用以更新各级骨干枝。杏潜伏芽的寿命很长，可达 20～30 年。

（4）异质性　杏树和其他果树一样，芽存在着异质性。所谓异质性，就是同一枝条上不同部位的芽（叶芽和花芽），由于形成时间的早晚不同，使芽在生长发育过程中所处的环境条件及树体的营养水平不同，因而在其外形、大小、质量和萌发能力上不尽相同。枝条基部的芽，形体小，多不能萌芽，成为潜伏芽；枝条中、上部的芽，芽体大而饱满、充实。三次枝和四次枝上的芽，质量也较差，抽出的枝条细弱、木质化程度差，花芽开放得晚，甚至不能开放，坐果率也较低。掌握芽的异质性，对于正确进行整形、修剪是非常重要的。

（5）萌芽力强，成枝力弱　萌芽力是指树冠外围 1 年生枝剪截后芽的萌发能力，芽萌发越多，说明萌芽力越强。萌芽力常用百分比表示，即萌芽率＝萌发的芽/总芽数×100％。

成枝力即指树冠外围 1 年生枝经剪截后，芽抽生为长枝的能力。一般也用百分比表示，即芽的成枝率＝抽生长枝数/萌发的芽数×100％。

一般情况下，1 年生枝缓放后，特别是着生角度大的枝条，除枝条基部几个芽不萌发外，其余大部分叶芽都能萌发，因此说杏的萌芽力强。杏芽的成枝力弱，表现在对 1 年生枝进行中、重短截后，才会在剪口下抽生 2～3 个长枝，这种较弱的成枝力导致杏树树冠比较疏朗，与其强烈的喜光性是相一致的。但也由于成枝力弱，常使主、侧枝的下部呈现秃裸现象。萌芽力和成枝力的高低因杏树的品种、树势及树龄、枝的角度和修剪方法不同而异。

（6）休眠较深　杏树的叶芽在冬季休眠较深，在春季解除休眠最晚，大约在花的大球期开始萌发，当日均温达到12～15℃，迅速抽生新枝。

（四）叶片

叶片生长是随着新梢生长而进行的，多数品种在一般年份于盛花后期可有少量叶片展开；成龄杏树的叶面积90%以上在萌芽后50～60天内形成，当秋季气温降低到10℃以下时，杏树开始落叶，叶片的光合作用时间一般在150天以上。

叶片布满全树后就形成一个与树冠形状相一致的幕状的群体结构，即叶幕。叶幕结构因品种、砧木、栽植密度和土壤气候条件不同而异，但整形修剪对叶幕的结构形成或调节有较大的控制作用。

叶是杏树进行光合作用、制造有机养分的主要营养器官，也是呼吸作用和蒸腾作用的主要部位。此外，叶片还可以通过气孔吸收水分和养分。因此，叶片的状况和叶幕的结构对于杏树的生长发育、产量和杏果质量起着非常重要的作用。

叶片的大小往往反映着杏树的营养水平，而且也是影响整个树体光合面积的基本因素。除品种外，环境条件、叶片所处的位置和采用的修剪方法及程度，对叶片的大小均有影响，其中环境因素的影响最大。阳光充足、肥水充分、温度适合，则叶片大而肥厚，反之，则小而薄。

叶片的数量随枝量的增多和延长而增加，此外，当密度加大时，单株叶片数减少而单位面积上的叶片数增加，而合理的叶幕结构才能保证杏的高产和优质。利用修剪整形，可以调整叶幕的层次和密度，使单位树冠体积内形成的叶片数最合适，并使之获

得最大的光照，实现高产、稳产和优质。

（五）花和果实

1. 花的结构　杏的花为两性花，每个花芽只发育成一朵花。杏花由花柄、萼片、子房、花冠、雄蕊和雌蕊等组成（图 3-4）。杏花鲜艳，萼筒内又有大量蜜汁，是蜜蜂的良好食源，杏花为虫媒花。杏花的柄很短，发育成果实后有的品种梗洼处会出现因枝条挤压形成的伤痕。杏先开花后长叶。

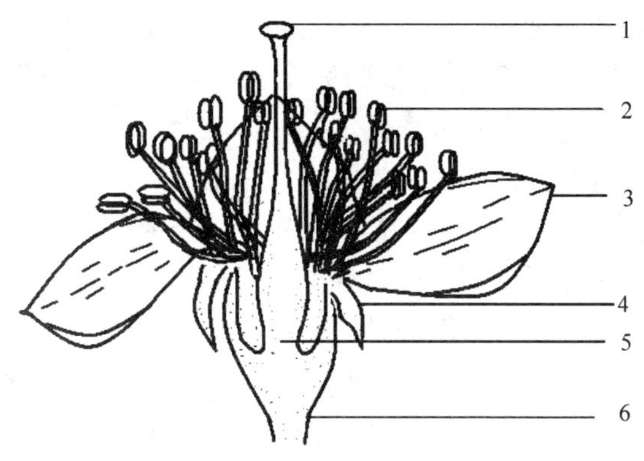

图 3-4　杏花的结构

1. 雌蕊　2. 雄蕊　3. 花冠　4. 萼片　5. 子房　6. 花柄

发育健全的花器雌蕊高于或等于雄蕊，但由于受品种特性、营养状态及气候条件等的影响，生产中常出现雌蕊发育不完全现象。根据雌蕊的长度可将杏花分为 4 种类型：雌蕊比雄蕊长、雌蕊与雄蕊等长、雌蕊比雄蕊短、雌蕊退化为仅有其痕迹。前两种类型的花可正常结实，雌蕊比雄蕊短者，虽可以接受花粉，但坐果率极低，仅有雌蕊痕迹的花不能受精，前两种类型的杏花称之为完全花，后两种类型叫不完全花或败育花（图 3-5）。

完全花多少主要由品种特性决定，其次主要是树体的营养水平。一般早熟品种完全花多，晚熟品种完全花少；土肥水管理好、病虫害防治及时、夏剪到位的杏园，完全花百分率高；完全

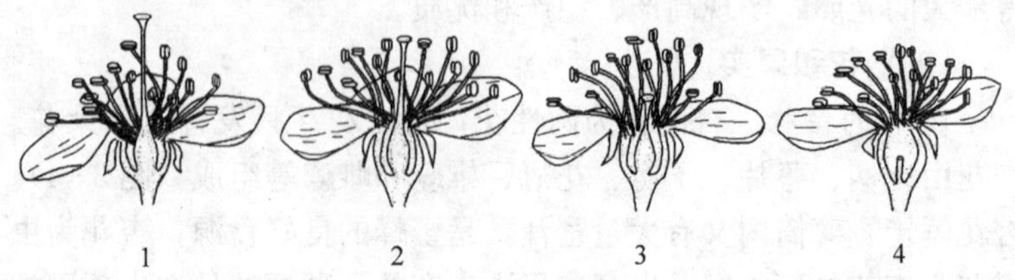

图 3-5　杏花的类型

1. 雌蕊比雄蕊长　2. 雌蕊与雄蕊等长　3. 雌蕊比雄蕊短　4. 雌蕊发育不完全

花还随树龄的增加而减少，一般老树的完全花百分率低。在不同类型的果枝上，一般短果枝的完全花最高，花束状果枝次之，中、长果枝的完全花百分率低。在一株树上，一般上部主枝上完全花多，下部少；外围多，内膛少。完全花的比例因结果母枝角度与粗度而异。一般斜向生长的结果母枝完全花百分率高，水平生长的低；母枝粗的完全花百分率高，细的低。同一果枝上，一般中部的完全花多，两端的少。

2. 开花　杏的自然休眠期短。发育充分的花芽，在满足其自然休眠之后，遇到持续较高的气温，便会迅速进入开花。

开花进程受温度、湿度、地势、品种、树龄、枝条种类等多种因素影响，但温度是决定杏树开花早晚和花期长短的最重要因子。

据作者对河北省石家庄果树研究所资源圃中杏品种的开花期观察（1985—2008），开花最早的年份为 2002 年，3 月 14 日就进入了初花期；最晚的是 1985 年，4 月 7 日才进入初花期；花期最长的年份是 2008 年，从初花到花完全开放可达 8～10 天，最短的是 2005 年，从初花到花完全开放只有 2～3 天。杏不同品种间的花期相对一致，在花期气温高的年份（2005），不同品种间开花散粉可在 2～3 天内完成；在花期气温比较低的年份（2008），晚花品种可比早花品种晚 3～4 天开放，不同品种间花期相遇的时间也较长。

同一品种中，盛果期树和老树比幼树开花早，花期也长；弱树比壮树开花早，花期长；通常花束状果枝开花最早，其后依次为短果枝、中果枝和长果枝。而花期延续时间长短依次为长果枝、中果枝、短果枝和花束状果枝。

当花期遇到低温时，花芽会受到不同程度的伤害，可通过喷施生长调节剂、促发二次枝、树干涂白等措施延迟花期，使其躲过霜冻或提高抗冻能力。

杏为虫媒花，需要依靠壁蜂和蜜蜂等昆虫来授粉，在花期遇到低温、阴雨或大风天气时，由于影响了授粉昆虫的活动而造成授粉不良，因此要进行人工辅助授粉。

地温是通过影响根系的活动间接影响花期的，因此，在萌芽前，可以采用降低土壤温度，如浇水、树盘覆草等措施在一定程度上推迟花期。

据观察，杏的花瓣展开后，柱头才会露出，但在有的年份，串枝红杏的柱头会在花瓣展开前露出。

正常情况下，花冠展开后 1～2 小时花药开裂，在气温较低的情况下，花药开裂得晚，而在特别干燥的天气条件下，一些花药在花蕾内即可裂开散粉，形成闭花授粉现象。

了解杏不同品种的开花习性，有助于采取相应的栽培措施，也为选择授粉品种提供依据。

3. 授粉受精与坐果　授粉是指花粉落到柱头上，并萌发花粉管的过程。就单个花朵来说，柱头在开花后的最初几个小时，其上蜜汁最多，是接受花粉的最佳时期，随着开花后时间的延长，柱头会逐渐干枯，这个过程的长短主要受气温和空气湿度的影响，高温低湿会加快柱头的干枯。在遇到高温和大风天气时，可采用喷水的方法使柱头在较长时间内保持新鲜状态，延长其接受花粉的时间。

据作者观察（1992），杏开花后半小时柱头接受花粉的能力最强，坐果率为 86.42%，随着时间的延长授粉效果明显变差，开花后 24 小时和 48 小时进行人工辅助授粉，坐果率分别降低到 49.15%和 37.84%，开花后 72 小时再进行人工辅助授粉，坐果率只有 6.02%。因此，进行人工辅助授粉，最佳时期是在开花后 4 小时之内，最迟不能超过花后 48 小时。

作者通过人工授粉后不同时间切去柱头的试验说明，杏自授粉后，需经过 60 小时，才有极少数胚珠完成受精（坐果率 3.57%），随着时间的延长，完成受精的越来越多，96 小时后有 77.42%的胚珠完成了受精，120 小时后绝大多数胚珠完成了受精（坐果率 92.31%）。杏自授粉到完成受精大约需 3～5 天的时间。但在授粉后，如果温度和湿度适合，这段时间就缩短，如果遇上低温等不良天气，这段时间就延长。

杏的自交结实率在种和品种间存在很大差异。绝大多数的欧洲品种群品种自花授粉能结实，但也存在像金太阳等少数品种自花授粉不结实的现象；中国杏的大多数品种自花授粉不结实或结实率很低。值得注意的是，杏自花授粉不结实的主要原因是花粉不亲和，而不是花粉败育。

在自花授粉不亲和品种中，异花授粉可明显提高坐果率。但吕增仁（1987）及作者（1992）的试验说明，不同品种间授粉，结实率高低有很大的差异，甚至有的品种间授粉出现单方不亲和（或）双方互不亲和现象。因此，生产中不仅要配置授粉品种，而且还要在授粉试验的基础上，综合考虑其他因素如果实成熟期、经济效益等选择适宜的授粉组合。

通常杏的结实率是以完全花为基数计算的，达到 10%以上才能基本满足丰产的需要。

4. 果实的发育　了解果实的生长发育特点，有助于在栽培管理中采取相应的措施，以达到优质、丰产之目的。

（1）果实的结构　杏属于核果类，果实由子房发育而成。子房的外壁形成果皮，中壁形成果肉，内壁形成木质化的果核。因此，杏果由外果皮、杏肉和杏核组成。

（2）果实的发育　杏果实从受精结束到充分成熟，其发育过程呈明显的阶段性，纵横侧径增长为快—慢—快的“双 S”型曲线（图 3-6）。

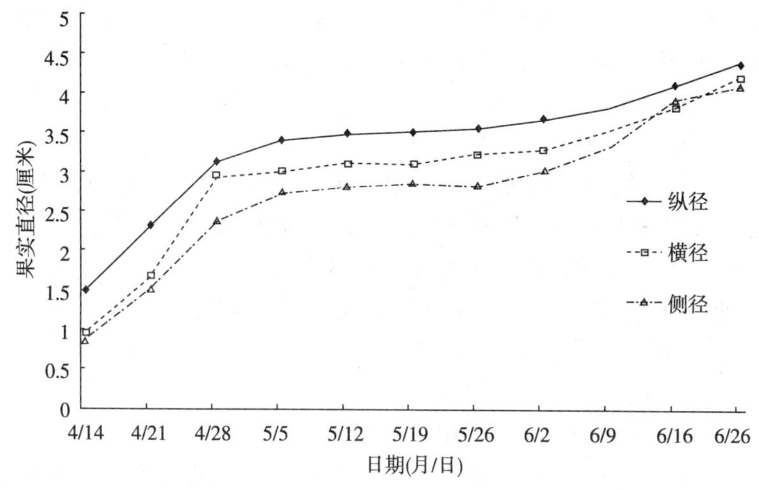

图 3-6　串枝红杏果实生长动态

（赵习平，1997）

①第一次果实快速生长期。从盛花末期到硬核前。此期内，盛花末到脱萼前生长缓慢。从脱萼后至硬核前，果实生长迅速，出现第一次高峰，但以纵径增长更为明显。该期内核也随着果实的迅速增长而增长，该期末，果核已具品种所固有的大小，但核尚未木质化。

②硬核期（缓慢生长期）。果径和果重生长缓慢，核发育加快。果核从顶部开始向下木质化，同时胚自顶部出现，并迅速充满种皮，胚乳逐渐消失。

③第二次果实快速生长期。果实自硬核期之后再次进入快速生长期，直到果实成熟。此时期中，果皮和果肉细胞迅速增大，果实横径增长速度明显大于纵径，果重增加迅速。

不同成熟期的杏品种，各个时期长短不同。一般早熟品种进

入第一速长期较早，结束也早，历时较短；晚熟品种进入得晚，结束也晚，历时长。不同品种此期均在 30 天左右。不同成熟期的品种间硬核期长短差异很大。早熟品种硬核期开始早，持续时间短，一般在 10 天左右，而晚熟品种硬核期开始晚，持续时间长，可达 20 天以上。果实的发育期长短更取决于第二次果实速长期的长短。一般早熟品种，此期较短，约为 20 天左右，而晚熟品种则可长达 50 天以上。

据吕增仁和马之胜研究，第一次速长期果实生长量大，不同品种约占成熟果实重量的 30％～60％，是构成产量的主要时期，尤其对早、中熟品种更为重要。硬核期时间短，果实增长缓慢，此期所增重量，不同品种间仅占果实总重量的 5％～20％。第二次速长期果实增重约占成熟果实的 12％～56.07％，这一时期是影响产量的另一个重要时期。

杏果实发育期与有效积温总量有关。长期低温阴雨天气，将延迟果实发育；而在果实发育期间气温偏高，尤其后期偏高时，可促使果实提早成熟，这时单果重会降低。

干旱是影响果实发育的又一重要因素，尤其是前一年的秋、冬和早春的干旱，直接制约果实在第一次快速生长期的增长速度，从而会使果个变小。因此上冻水和花前浇水是夺取杏高产、优质的重要措施。

种仁发育期间需要有足够的养分和水分供应，如此时肥水不足会严重影响杏仁的质量，进而影响果实在第二次速长期的增长速度和幅度。对于以收获种仁为目的的仁用杏来说，硬核期的管理尤为重要。

（3）生理落果　杏的生理落果也有明显的阶段性。大致可以分为 3 个时期。

①盛花后 15～20 天落果。由于授粉受精不良引起，落果量大。

②硬核前落果。主要是由于严重缺水引起。

③采前落果。采前落果因品种而异，大部分品种不严重。

二、杏树生长发育周期

杏树一生中各生长发育时期（简称生育期），其形态特征和生理特性均有很大的变化。品种不同，其形态特征和生理特性也不尽相同。不同品种杏树在各生育期，对环境条件的要求和适应能力不同。因此，在日常管理上，要根据各品种、各生育期的特性和要求，采取相应的技术管理措施，以保证杏树的正常生长和发育。杏树生育期包括生命周期和年生长周期两部分。

（一）生命周期及特性

杏树从种子发芽、生长、结果至衰老死亡的全过程，称为生命周期或年龄时期。了解杏生命周期各阶段的特性，才能利用和控制这些特性，达到早果、早丰、延长经济寿命之目的。

按生长到结果的转变，杏树可划分为幼树期、结果初期、盛果期与衰老期 4 个年龄时期。

1. 幼树期　幼树期从定植到第一次开花结果止，为营养生长阶段，一般为 2～5 年。幼树期的长短因种和品种、砧木、栽培管理措施、苗木繁殖方法及气候等不同而异。欧洲生态群品种比中亚细亚生态群和华北生态群品种开始结果早。一般嫁接苗开始结果早，在定植后第二年就可开花结果，而实生繁殖的苗木这一时期则需要 3～5 年。同一品种，山杏作砧木比普通杏的实生苗作砧木的结果早。

杏幼树期的特点是营养生长旺盛，根系和树冠扩展迅速，还具有一年多次抽枝的特性。

此期的栽培管理非常重要。一方面要为根系的发育创造良好的土壤条件，如供给充足的肥水、深翻扩穴等；另一方面，要在培养树形的前提下尽可能地轻剪，以增加枝叶量，扩大光合面积，缩短幼树期，提早结果。

2. 结果初期　从第一次开花结果到有大量的经济产量以前，

为生长和结果初期。其持续时间的长短因品种、立地条件及栽培管理水平不同而异，一般为2～4年。

此期的特点是树体的营养生长仍然很快，树冠迅速向外扩展，接近或达到预定的营养面积，树体骨架基本形成，分枝量增加，结果枝逐年增多，产量逐步上升。

此期的栽培管理措施是加强土肥水管理，使树冠、根系迅速扩展，以尽早达到最大的营养面积。使各种枝条合理搭配，调整生长与结果的比例，注意培养和安排结果枝组，使产量稳步上升。进一步培养良好的树形，为盛果期奠定基础。

3. 盛果期　从开始大量结果（形成经济产量）到树体衰老（产量持续下降）之前的阶段称之为盛果期。此期的长短也受品种、立地条件及栽培管理措施的影响。

此期的特点是结果量大，生长缓慢。树冠、根系达到最大范围后，其末端逐渐衰弱，枝条生长量逐年减小。结果部位由树冠中、下部向上部和外围转移，结果枝基部易光秃，内膛枝条衰弱甚至枯死，容易出现上强和外强。同时，树体的营养物质大量供给果实生长，营养消耗大，易造成树体营养物质的供应、运转、分配、消耗和积累之间的不平衡，继而出现大小年结果现象。

此期的栽培管理措施是供给充足的肥水，并注意营养元素之间的平衡，避免营养失调。控制花果量，通过修剪及时更新，使生长与结果平衡而稳定，调节树冠下部和内堂的光照，保证年年优质、高产。

4. 衰老期　从产量明显持续下降，生长量逐年减小，树体开始衰老，到全株死亡以前的这一阶段，称为衰老期。

此期的特点是大部分骨干枝光秃，新梢生长细弱，结果枝死亡数量增多，叶量少，根系的更新能力衰退，树体抗逆性降低，产量少且品质差。

此期的栽培管理措施是在衰老前期，应加强土、肥、水管理，增施有机肥。由于树势变弱，易诱发各种病虫害，应及时防治。对能恢复树势的树，可进行更新复壮，一般经过 2～3 年就可恢复树势，并能恢复结果。如果失去经济价值，可以进行全园更新。

（二）年生长周期及特性

在一年中，杏树随着季节的变化，其生长发育表现出与外界环境因子相适应的形态和生理变化，并呈现出一定的规律性，这种与季节性气候变化相适应的形态变化时期称为物候期。不同品种物候期有明显的差异，环境条件、栽培技术也会改变或影响物候期。

1. 生长期　杏自春季萌芽开始，至秋季落叶为止的这一时期为其生长期。主要包括萌芽、开花、结果、抽枝、展叶、花芽分化、落叶等物候期。此时期内，营养生长和生殖生长交互进行，大约 200～240 天。

2. 休眠期　休眠期是指秋季落叶后至来年春季萌芽前的一段时期，杏的休眠期又分自然休眠期和被迫休眠期两个阶段。

自然休眠期是果树的特性，必须在一定的低温条件下树体才能通过。杏需要在 0～7.2℃以下的环境中经过 700～1 000 小时，才能解除自然休眠，否则花芽发育不良，翌年发芽迟缓。被迫休眠是指通过自然休眠后，由于外界条件制约，树体不能开始正常的生理活动而继续呈休眠状态。杏树在被迫休眠中遇到较高的气温，树液就开始流动，芽开始膨大，此时如出现寒流，就容易遭受冻害，可采取各种延迟萌芽的措施，使其躲过霜冻。

第四章 杏树对环境条件的要求

一、温度

温度是生态条件中最重要的因素之一，对杏树的生长发育影响很大，反过来，杏树对温度的反应也非常敏感。

杏树是喜温树种，生长季节需要较高的温度。一般需要2 500℃左右的有效活动积温总量，才可以保证杏树的正常生长和发育。我国杏的主产区年平均气温为6～14℃。在新疆地区夏季平均最高温度为36.3℃，绝对最高温度达43.9℃，杏树仍能正常生长，而且果实含糖量很高。但有些品种如香白杏、大丰杏等果实将近成熟时遇有37℃左右较长时间的高温，就会发生严重的果实内部褐变现象（烧心），使其失去商品价值。杏原产我国北方，由于长期的适应大自然，产生了较强的耐低温能力，是耐寒的树种。在休眠期间杏能抵抗－40～－30℃的低温，因此，在冬季可以安全越冬。杏不同品种群的抗低温能力不同，原产东北等寒冷地区的品种更抗冻。杏各个器官的耐寒性大小依次为枝条、花和幼果。

杏树在冬季需要一定的低温（需冷量），才能完成休眠过程。杏的需冷量少，一般只需在0～7.2℃的环境中经过700～1 000小时，就能解除休眠，恢复正常的生理功能。早春花芽萌动后，花器的抗低温能力下降，当遇到倒春寒时，就可能受到冻害。在中国杏的主产区花期经常发生晚霜危害。杏在花芽膨大期遇到－15～－10℃的低温就会受害，花蕾期仅能抗－4.0～－1.1℃的低温，花朵仅能抗－2～－1℃，幼果仅能抗0.5～0.6℃左右。同一朵花器官的抗寒性依次为花瓣、雄蕊和雌蕊。

由于杏完成自然休眠较早，所以开始生长也较早。当土温上升到7～8℃时，根系开始生长；气温达到6.4～9.5℃后，地上部开始生长；适宜的开花温度在8℃以上，花粉发芽则要求18～21℃。较高的气温有利于杏的开花，开花早，且花期短。杏的品种不同，其花期对温度的要求有一定差别，因此，杏各品种的开花早晚也不一样，如香蜜杏花期要求的温度为9.3℃，臻杏要求13.3℃，山杏要求14.1℃。果实成熟要求温度在18.3～25.1℃。从花芽形态分化开始到雄蕊出现，主要在高温季节（6月下旬至8月下旬）进行，平均气温为21.9～22.3℃，雌蕊出现在9月份，平均气温为15.7～17.4℃。在早春花芽萌动后，遇有忽高忽低的气温条件，会出现大量的僵芽。如北京市延庆县2007年3月5日出现了突然降温，最低气温－12.9℃，致使已萌动花芽受冻害，形成了大量的僵芽，不同地带僵芽率达57.6%～83.6%，表现为芽体逐渐干枯变褐，用手一戳即落。

在保护地栽培的杏树，花期遇到25～30℃的高温，花芽就会枯死或畸形，从而不能结实，而叶芽则迅速生长。因此，在管理中要及时调节室温，以保证杏树正常的开花和坐果。

二、水分

杏树的根系发达，在土壤中的分布深而广，根、茎、叶又具有抗旱的细胞组织结构，因此，杏树抗旱能力强，能适应较干旱的环境。正常年份，年降水量在400～600毫米时，土壤中的水分就可以保证杏树的正常生长和结果。即使在干旱年份，也能获得一定的产量。

杏属植物中以西伯利亚杏最抗旱，其次是普通杏，再者是辽杏。品种中则以仁用品种和制干品种最抗旱，鲜食品种稍差。我国主产区的杏树大多分布在水浇条件差的山地和丘陵地区，杏扁尤其如此。

在开花、新梢旺长、果实发育和花芽分化期间都需要有一定量的水分供应。开花期缺水，会缩短花期，降低花粉生活力，造成授粉受精不良，从而引发大量的落花落果。新梢旺长和果实发育期土壤中严重缺水，容易造成新梢的过早停长，不仅会影响树势，影响树冠的进一步扩大，同时还会引起大量的生理落果，影响果实的正常发育，使果个变小，产量降低。花芽分化期缺水，不但花芽分化量少，且会增加不完全花的比例。

当土壤水分过多或空气湿度太高时，也会导致落花落果，使产量降低，果实品质下降，还易引发严重的裂果及病虫为害。

杏树极不耐涝，当土壤积水1～2天时，就会发生早期落叶和烂根，甚至全株死亡。杏最适宜的田间持水量为50%～80%。当土壤田间持水量>90%时，叶片就会出现失绿和萎蔫现象，新梢也会停止生长；根的吸收能力下降、小根死亡。

三、光照

杏是喜光性很强的树种，其主要分布区年日照为2 500～3 000小时。在光照充足的条件下杏树生长和发育良好，不仅可以实现高产、稳产，而且果实质量也比光照不良的情况下好得多。同一品种在不同地区栽培，含糖量会相差5～10个百分点，其中，除两地昼夜温差的不同起一定的作用外，光照质量差异的影响也是一个主要因素。

同一株树，树冠上部和外围光照充足的部位，枝条生长健壮，组织充实；果实着色好，含糖量高，风味佳；花芽分化充

分，芽体大而饱满，不完全花百分率低；果枝粗，连续结果能力强，寿命长。而在光照不足的树冠内膛和下部，枝条容易徒长，组织不充实，小枝容易枯死，从而造成枝干秃裸；果实着色差或不着色，含糖量低，风味淡；花芽分化质量差，不完全花百分率高，来年坐果率低。光照不均匀，还可引起树冠生长不匀称，从而产生偏冠现象，这也是植物向光性的反应。

杏树体对强烈的阳光无不适反应，但树干暴露在直射阳光下时间过长易发生日灼，继而引发流胶病。大树高接或老树更新后，主干和大枝由于失去叶片的遮护，日灼最易发生。还有少部分品种，果实成熟时遇有高温毒日，可引起果实的日灼。

树冠郁闭，不但光照差，湿度也大，易滋生病菌，招致虫害，增加防治次数，影响无公害果品的生产。

四、土壤

杏对土壤的要求不是太严格，在各类土壤中均能生长，但以排水良好、疏松透气、肥力较好的壤土和沙壤土最好。土壤过于黏重，尤其是在有黏盘层和僵石层的黏土地上，杏的根系发育不良，进而影响地上部的生长发育，导致产量低，品质差，树体寿命短。黏重土壤栽植杏树还易引发流胶病。

杏适宜在中性或微碱性的土壤中生长，最适土壤酸碱度为pH 7～7.5，一般在 pH 6.5～8.0 的土壤中栽培可获得较好的收益。当土壤 pH 超过 8 时，叶片就会出现焦边现象。

杏的耐盐力中等，可在含盐量为 0.1%～0.2%的土壤中正常生长。当土壤中总盐量超过 0.24%时，就会出现叶缘焦枯现象，严重时还会致使全株死亡。

地下水位太高的地区或地块，不适于种植杏树。一般高丁 1.5～2.0 米时，对杏的生长就会产生不利影响。

因为杏、桃、李和樱桃等核果类果树的残根中含有苦杏仁甙，在腐烂分解过程中会产生苯甲醛和氢氰酸，对新植幼树的根

造成毒害，引起根的坏死，所以杏（包括其他核果类果树）不能再在核果类果树的迹地建园，否则，会引起再植病，轻者树体生长缓慢，进入结果期晚，严重者幼树就会夭折；还因为同类树种从土壤中吸收的营养成分相近，会造成某些营养成分的缺乏。因此，在建园时应避开核果类果树迹地，补栽树时也要采取客土晾坑、土壤消毒等措施。

第五章　优质杏苗的培育

一、嫁接苗培育

（一）砧木苗培育

1. 适宜砧木的选择　适宜作杏砧木的有西伯利亚杏（别名山杏）、辽杏（别名东北杏）和普通杏的实生苗。这些砧木与杏嫁接亲和力均好，而且耐旱、耐瘠薄；树势强，产量高、品质好，经济寿命长。以山杏为砧木的树体较小，结果早，而以普通杏的实生苗作砧木的树体则过于高大，且进入结实期较晚。

近年来的生产实践说明：桃砧杏树不但会出现延迟不亲和现象，而且栽植成活率低，树体衰弱，并有逐年死亡的趋势。其衰亡的程度及早晚与砧穗组合有关。据报道，桃（毛桃、蜜桃）砧与金太阳杏的砧穗组合不亲和症状表现尤为明显。生产中最好不用或慎用桃砧杏苗。

其他核果类树种如小黄李、樱桃李、欧洲李、梅、西沙樱桃的实生苗作杏的砧木也有过报道，但笔者认为，还需要进行进一步多区域的试验和示范后，才可在生产中应用。

2. 砧木种子的采集和沙藏

（1）种核选择　杏种子的发芽力随果实发育日数的增加而提高，早熟品种更加明显。河北省石家庄果树研究所在长期的育种实践中发现果实发育期 60 天以内的杏品种，其种子常规处理不发芽，原因是由于种子的发育日数少，种胚发育不充分。因此，生产上育苗应采用果实发育期较长的种或品种的充分成熟的种子；杂交育种或实生选种以极早熟品种为母本时，可将充分成熟的极早熟品种的洁净鲜种核按常规沙藏法埋于田间树阴下，埋种深度 60～80 厘米，地表按常规浇水，第二年正常播种，此法种子发芽率可达到50%～80%以上，但苗木长势弱，成苗率低，需更加精心管理。

购买种子时，要选择成熟度高、表面鲜亮、核壳坚硬、种仁饱满、无病虫者。而表面污褐、种仁变黄的种核出苗率低或根本不发芽，不能作种子用。自采种核时，一定要在果实充分成熟时采收，去尽果肉，而且最好将种核晾干。种核要存放在干燥的地方，以防霉变。

（2）沙藏时间　春播的种子须在冬季进行沙藏处理，以使其完成后熟过程。沙藏时间的长短因种类而异，在 0～5℃的条件下，西伯利亚杏需 50～60 天，普通杏仅需 30～50 天。我国北方春季地温上升快，因此，在能满足低温条件的情况下，沙藏宜迟不宜早。在石家庄地区，普通杏可在 1 月下旬进行沙藏，西伯利亚杏在 1 月上旬至 1 月中旬沙藏。

（3）沙藏方法　选择背阴、通风、不易积水的地方，挖一深、宽各 80 厘米左右的坑，长度依种核量而定。沙藏前先将种核用清水浸泡 2～3 天，中间换水一次。用洁净河沙拌种，种与沙的比例为 1∶3～5，湿度以手握成团而不滴水为好。坑底先铺一层 3～5 厘米厚的湿沙，中间竖一草把以便通气，然后填入拌好的种子，可填到离地表 10～15 厘米处，种子上面用湿沙将坑填平，最后先用湿土后用干土将坑培成土堆，以防积水。为防鼠害，可在沙藏坑周围围上细孔铁丝网或投防毒鼠药剂。

沙藏后，要注意检查，特别是春天，要根据气温和地温回升情况，及时检查萌芽情况。当有 1/3 的种子裂嘴露白时，就可以播种了。如果土地还未准备好，可将种子上下翻搅防止发芽不一致，而在土地已准备好但种子还未发芽时，可加温催芽。催芽的

方法是将杏核放在温室内或向阳温暖的地方，保持适宜的湿度。在种子发芽不整齐时，要对其挑选分级，以使出苗整齐一致，也便于管理。

3. 圃地选择　培育优质壮苗，宜选择地势平坦、土层深厚、肥沃、通透性好、光照充足、有排灌条件、pH 为 6.5～8 的壤土和沙壤土作苗圃地。在这种土壤中培育出的杏苗健壮充实、枝条粗壮，芽子饱满，根系发达，须根量大。不宜在黏土地和地下水位过高（1 米以上）的地方育苗，否则影响杏苗的正常生长，特别是根系发育受阻，须根少，还易得流胶病，定植后缓苗期也长。更不能在以前育过桃、杏、李等核果类苗木的地块再育杏苗，不然会引发再植病，苗木生长细弱，抗病性差，严重时造成大量死亡。

4. 整地和播种

（1）播种时期　可采用春播和秋播两个时期。在秋、冬季雨雪少的地区易采用春播，可在土壤解冻后进行。在秋、冬季雨雪较多的地区可秋播，在土壤封冻前进行，秋播的种核不用沙藏。据研究，在高寒地区，秋播种子出苗期比春播提前 15 天左右，但易遭鼠害。

（2）整地　采用春播时，为避免春忙，最好在秋季提前施肥、翻地和浇水，每亩苗圃地施入 4 000～5 000 千克腐熟的农家肥。第二年春天再进行精细整地、作畦和播种前的浇水。畦宽以 3 米左右为好。

（3）播种　可采用宽窄行，宽行行距 50～60 厘米，窄行行距 20～30 厘米。也可采用 4 密 1 稀的形式。播种量依杏核大小而定，大粒山杏每亩 30 千克，小粒可酌情减少，普通杏 40～60 千克为宜。春播覆土 3～5 厘米，播后踏实，并将地表耙松，以利保墒。

秋播覆土 8～10 厘米，播后灌足冬水。还要防止鼠害，可每亩撒施 3%的辛硫磷颗粒剂 1～1.5 千克和 10～15 千克细土的混合物，然后耕翻到土壤中。最好播后覆盖地膜至翌年春天，这样可提前发芽，且幼苗健壮。

5. 砧木苗管理

（1）间苗和定苗　当幼苗长出3～4片真叶时，进行间苗，尽早去掉过密的小苗、弱苗和病苗。幼苗7～8片真叶时，进行定苗，株距12～15厘米，每亩留苗10 000～15 000株。

（2）肥水管理　科学的肥水管理是培育优质壮苗的重要措施。一般情况下，出苗前不宜浇水，更不能大水漫灌，尤其是土质较黏重的。此时灌水，不但出苗率低，而且苗木瘦弱，宜染病。定苗前也尽量不浇水或少浇水，进行蹲苗。苗木进入速长期后，要满足其水分供应，可根据天气和土壤水分情况及时灌水。在苗木生长后期，应控制土壤水分，防止其徒长。当雨季苗圃地积水过多时，要及时排水，以防因长期积水，引起根系腐烂、流胶，甚至导致苗木死亡。

在苗木生长前期主要施氮肥，以满足其迅速生长对氮素的需要；后期应追施以磷、钾肥为主的复合肥，以促进苗木的进一步木质化，使苗干更加充实。整个生长过程中，追肥2～3次即可。第一次追肥于定苗后进行，依地力每亩施尿素5～20千克。第二次在生长后期进行，每亩施复合肥15～20千克。每次追肥后要及时浇水。

（3）中耕松土　幼苗出土后要及时中耕松土，以疏松土壤，增加通透性，提高地温，减少水分蒸发，促进幼苗的生长发育。中耕还可以除去杂草，保证苗木的营养供应，改善光照和通风条件，减少病虫害的发生和发展。

（4）病虫防治　杏苗在春季易发生立枯病和猝倒病，低温、高湿的情况下发病更严重。轻者缺苗断垄，重者成片大量死亡。因此，要及早防治。可在幼苗出土后对土壤消毒，选用200倍硫酸亚铁溶液或300～500倍的65％代森锌可湿性粉剂灌根，施药后浅锄。杏苗期的主要害虫有金龟子、舟形毛虫等，也要及时防

治，防治时期和方法见本书第十章。

（5）摘心、抹芽　适时摘去苗木顶端（摘心），可促进幼苗的加粗生长，使其及早达到嫁接粗度。摘心过早会刺激发生二次枝和三次枝，影响苗木的加粗。摘心适期为苗木速长后期或顶芽停长前，苗高大约在40厘米左右，按时间说，可在芽接前30天左右时进行摘心。嫁接前要抹除苗干基部5～10厘米以内的萌芽，以保证嫁接部位的光滑。

（二）嫁接苗培育

1. 接穗的采集与处理　为保证苗木纯正，大型果园自育苗或专业育苗者，要建立采穗圃，并做好标记。选用健壮充实的1年生枝中间的部位作接穗，两端的芽子瘪瘦，先端的枝条组织也不太充实，影响成活和发育。

夏季芽接用接穗最好随接随采，采后及时去掉叶片，为便于绑缚，叶柄宜留短些。接穗采后要及时做标记，进行保湿处理。可用湿棉布包裹，或将其基部2～4厘米插于清水中，放于阴凉处，每天换水一次。放置时间过长时，应用湿布包好后将接穗放到水井、地窖或冰箱的冷藏室中。包装物内水分不可过多，以免引起沤芽，降低嫁接的成活率。

春季枝接用的接穗可在秋季落叶后至春季发芽前采集，也可结合冬剪进行，最好是随接随采，这样，种条新鲜而又无需贮藏。冬贮的接穗在使用前，宜将基部插在水中稍稍吸水（12～24小时），可提高嫁接的成活率。

冬季采集的接穗，应尽早贮藏。可每50根左右一捆，用湿土（最好用洁净的湿沙）埋严，以防失水，并要使所有接穗与土或沙充分接触，防止其发热霉变。温度应保持在0～5℃，湿度为60％。

邮寄接穗时，须用塑料薄膜包好，中间还要填充保湿材料，防止途中失水。

枝接成活率的高低，主要受温度和湿度的影响。温度可通过选择适宜的嫁接时间来满足；湿度除包严接口外，还须蜡封、土埋或用单层薄膜包裹接穗的方法来保证。生产上应用最广泛的是前者，其费用低，操作简便，效果也不错。

蜡封接穗的关键技术是：

①蜡封前的处理。蜡封前要将接穗用清水冲洗干净，然后摊开晾干。将接穗剪成10～12厘米长的小段，基部要平滑，以利与砧木对接。

②蜡的融化。选用优质石蜡，可直接加热，随时测量蜡温，要求蜡的温度严格掌握在100～105℃。蜡温太低，蜡层过厚，附着不牢固，冷却以后易裂口和剥落；蜡温过高，接穗易被烫死，尤其是芽眼和皮层。

③蘸蜡。用手直接握住接穗，蘸蜡后迅速分开，以免相互粘连。蘸蜡越快越好，最长不得超过半秒钟。接穗蘸蜡后要立即摊开使其自然降温，降至常温时再进行包装以保湿。

④蜡封接穗的保存。封好蜡的接穗应放在0～5℃的环境中保存，随用随取。

2. 嫁接

（1）芽接　当砧木苗地表以上10厘米左右粗度达到0.6～0.8厘米时，即可以进行芽接，可采用“丁”字形芽接和带木质芽接两种方法。

①“丁”字形芽接。“丁”字形芽接也叫“T”字形芽接。当接穗和砧木都离皮时，可用此法。优点是速度快、效率高。只要离皮，嫁接越早越好，石家庄地区以6月上、中旬为最佳时间。6月下旬以后，进入雨季，温度高、湿度大，接口容易流胶，伤口不易愈合，成活率很低。芽接前应浇水，以提高成活率；芽接要在晴天进行，阴雨天操作伤口易流胶，从而降低成活率。

操作方法为：先在接穗饱满芽体的上方0.5厘米处横切一刀，宽约接穗粗度的一半，深以切到木质部为止，再从芽体下方

1～1.5 厘米处，向上斜削一刀，深达木质部的 1/3 处，刀口的长度以超过横切口为度，用拇指轻轻推芽，即可取下盾尖向下的芽片。杏树芽片较软，应缓慢插入，不能用力过猛，以免损伤芽轴，或使芽片皱折影响成活。

在砧木阴面距地面 10 厘米左右的光滑处横切一刀，深度以切断皮层为宜，长度应略大于芽片上部的宽度。再在横切口的中间向下切一刀，长度约 1 厘米左右，然后用小刀向两边轻轻撬开树皮，手捏叶柄将削好的芽片芽体朝上、盾尖向下推入皮下，务必使芽片上边与砧木横切口对齐。最后用弹性较好的塑料布绑紧，可露出叶柄（图 5－1）。

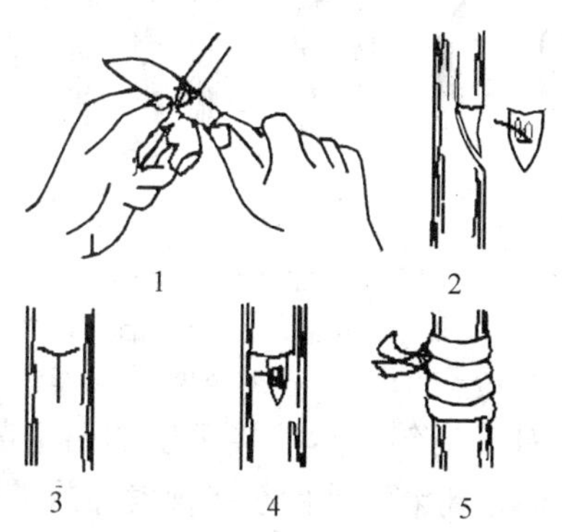

图 5－1　“丁”字形芽接

1. 削芽片　2. 取下的盾形芽片　3. 砧木切口　4. 插入芽片　5. 绑缚状

②带木质芽接（嵌芽接）。在接穗和砧木一方不离皮或均不离皮时，可采用带木质芽接法进行嫁接。春季芽接的适宜时间是从芽萌发膨大到展叶之前。生长季节芽接是在雨季以后，一般从 8 月下旬至 9 月上旬。

操作方法为：左手倒拿接穗，使芽尖朝向身体。先在接穗芽体的上部 1～1.5 厘米处，向斜下方削一刀，刀口深度达芽下1～2 毫米，长度以超过芽体 1 厘米左右为度。再在接穗芽的下方 0.5～1 厘米处与枝条呈 45°角由上而下斜削一刀，使两刀口相遇，取下带木质的芽片。

在砧木阴面距地面10厘米左右处斜向削一刀，削面与芽片长削面等长，再在刀口的1/2处向斜下方切一刀，方法与削接穗完全相同，削口大小和形状与芽片尽量一致，切砧木第二刀时去掉的部分可少些，然后把接芽放入砧木横切口残留部分之内，除芽片下端外要露出一线砧木皮层，以使砧木和芽片的形成层对接，如芽片较小时，要使两者形成层一侧对齐，最后用弹性较好的塑料布绑紧、绑严（图5-2）。

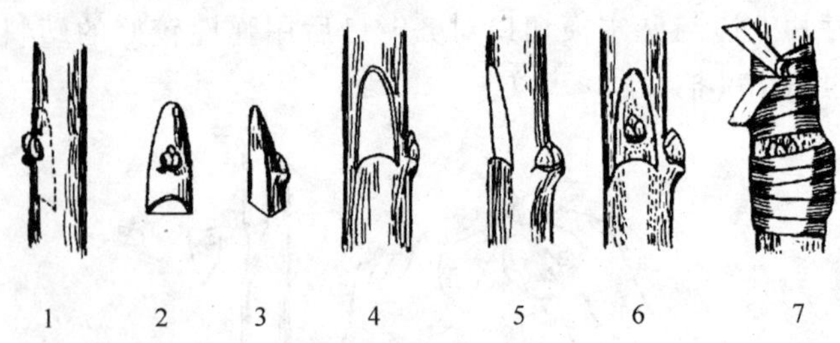

图5-2　带木质部芽接

1. 芽片切口　2. 芽片正面　3. 芽片侧面　4. 砧木切口
5. 砧木切口侧面　6. 接合状　7. 绑缚状

（2）枝接　对于当年未达嫁接粗度的砧木苗或芽接未成活的，可在第二年春季树液流动后至接穗发芽前进行枝接。常用的有劈接和腹接法。

①劈接　将砧木自地面5～6厘米处剪断，从断面中央劈开一切口，深2～3厘米，然后在接穗距基部2～3厘米处开始，向下两侧各斜削一刀，使其成上宽下窄、内薄外厚的楔形，再后将削好的接穗插入砧木切口中，使接穗楔面的皮部与砧木的皮部对齐，接穗的削面不可全部插入，以上边露白0.5厘米为度，留下露白部分可使接口愈合良好、牢固。砧木较粗或苗龄较长时，接穗应插得稍靠里些，但要考虑接穗蜡层的厚度，总之，必须使它们的形成层对齐和密接。接穗插好后，用塑料布将接口全部绑严。对没有封蜡的接穗，可用塑料薄膜将其整体裹严，以防失水

(图 5-3)。

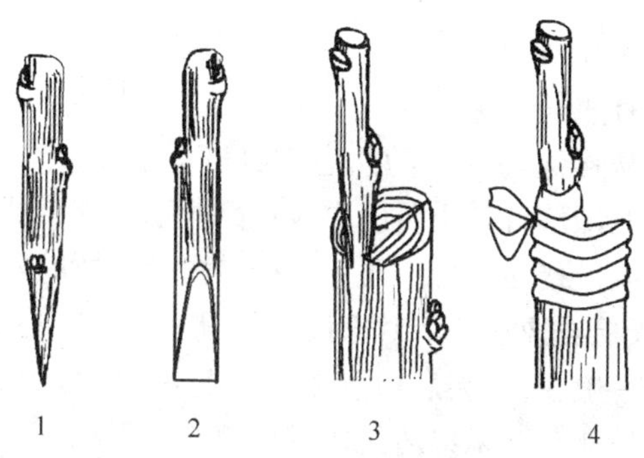

图 5-3 劈 接

1. 接穗宽面 2. 接穗削面 3. 插入接穗 4. 绑缚状

②腹接 从小段接穗基部 2.5～3 厘米处开始削成一斜面(大削面),在此削面的对面再削一长度为 1～1.5 厘米的短削面,接穗下部要求一边薄一边厚。然后,在砧木离地面 5～8 厘米处斜切一切口,深达砧木粗度的 1/2～1/3,长 2.5～3 厘米。将削好的接穗插入砧木切口中,大斜面朝里,小斜面朝外,并使接穗较厚一侧的形成层与砧木形成层对齐。最后自接口部上方 1～2 厘米处剪断砧木,用塑料布将接口绑紧、绑严(图 5-4)。

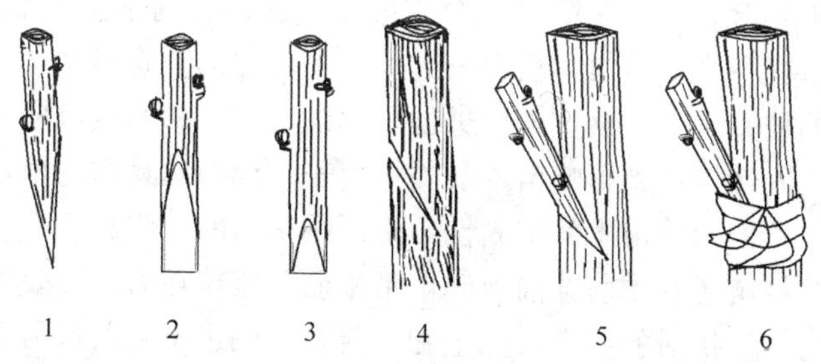

图 5-4 腹 接

1. 接穗侧面 2. 大削面 3. 小削面 4. 砧木切口 5. 插入接穗 6. 绑缚状

不论是芽接还是枝接,接前应浇水,操作用的刀具要锋利,动作要快而准确，砧木接穗形成层要对齐，绑缚须严紧，接后要适时解绑，这些都是保证嫁接成活的关键。

3. 嫁接苗的管理

（1）检查成活情况　“丁”字形芽接于接后15～20天检查成活率，可从接芽与叶柄的状态来判断是否成活，凡是接芽新鲜，叶柄一触即落者，说明已成活；而叶柄不落，芽体干缩或变黑的，则表明没接活。带木质芽接接口愈合需要时间长，可在接后20～30天检查成活率。对未接活的应及早进行补接。

枝接苗一般在30天后检查成活情况，成活的接穗皮部保持青绿，芽开始萌动；未接活的接穗皮部皱缩干枯。

（2）防寒　在高寒地区，冬季半成苗易受冻害，应进行防寒保护。可在土壤结冻前培土或封垄，培土应高出接芽10厘米，并于第二年春季发芽前除去。但在土壤黏重且雨水多的地区不宜培土，以防接芽缺氧窒息而死。在材料方便的地方，可用玉米秸等高秆材料做防寒屏障，使屏障与当地的主害风向垂直，每8～10米设一道。其作用是减低风速，增加保护地块的积雪量，从而起到防寒的作用。

（3）解除绑缚物及剪砧　“丁”字形芽接的，接活者应在30天后解绑，以免影响接芽的发育。秋天带木质芽接的苗木，当年不必解绑，可在第二年春季进行，这样有利于接芽的越冬。枝接苗在不影响接口加粗生长的情况下，解绑宜晚不宜早，可在接穗抽枝并进入旺盛生长后进行。解绑过早，影响接口愈合和接口的牢固性；过晚影响苗木的加粗生长，绑缚物易缢进苗木的皮层内，不但影响苗木的牢固性，也影响苗木的外观。

芽接苗于春季萌芽前剪砧，带木质芽接苗在剪砧前要先解除绑缚物，没接活的要进行标记和补接。剪砧过早，剪口易受冻和风干，过晚会削弱接芽的极性，影响其正常萌发和生长。剪砧的部位在接口上方0.5～1厘米处，刀刃面对接芽一侧，剪口要平滑，使之呈接芽一侧高另一侧稍低的斜截面，如此有利于剪口愈

合、接芽萌发和苗木接口处的光滑。留桩不可过长，否则会使苗木弯曲，影响生长；留桩过短，会因失水影响接芽萌发和生长，尤其是在春季气候干燥的地区，留桩应适当长些。

（4）除萌和立支柱　芽接苗剪砧和枝接后，砧木上均会发生很多萌蘖，处理不及时，消耗养分，影响接芽萌发和生长。枝接的接芽常可抽出几个枝条，应选择直立且位置低的健壮者留下，其余的全部去除。对倾斜的枝条可采用立支柱的方法扶正，以便使其保持旺盛的长势。除萌蘖可用手瓣，注意不要伤及接芽，撕破砧木皮部。

（5）肥水管理　枝接苗为保证接口的正常愈合和苗木的健壮生长，接芽出土前不要浇水，接芽出土后应视土壤情况适时浇水，以保证嫁接苗的快速生长。春季剪砧后的芽接苗，接芽萌发后应及时浇水。不论是芽接苗还是枝接苗，生长前期以施氮肥为主，每亩可施尿素5～10千克，后期要控制氮肥、控制浇水，以免苗木贪青徒长，影响枝条的充分成熟。每次浇水后，都应及时松土，以利提高地温，保持土壤墒情。

（6）病虫防治　春天接芽萌发后极易遭受金龟子和卷叶虫为害，夏季为害杏苗的害虫主要有蚜虫、红蜘蛛和毛虫类等，秋季舟形毛虫等也有大发生的可能，杏苗在湿度大时易感染穿孔病，均应加强防治。如不及时防治，轻则影响苗木的正常生长，降低其质量，严重时会缺苗断垄，甚至成片死亡。以上各种病虫的具体发生规律和防治方法等详见本书病虫害防治的有关内容。

二、苗木出圃

（一）起苗和分级

半成苗（未剪砧的芽苗）或速成苗（当年播种、当年嫁接、当年成苗）可在嫁接的当年秋末落叶后或第二年春季萌芽前起苗出圃，而成苗（2年生）则要在第二年秋季或第三年春季出圃。自育自栽的苗木，最好随栽随起苗，这样有利于成活。远销外地的以秋季起苗为宜，以免因运输不利影响栽植成活率。

起苗最好选择阴天，或在早、晚进行。大风天气苗木易失水过多，会影响栽植的成活率和幼树的生长势。如果土壤干旱，起苗前应浇一次透水。这样，不仅有利于保全根系，而且起苗省时、省力。起苗时，先在苗行的一侧开沟，切断主根后，再逐棵挖掘。要尽量少伤根，多保留须根，以利于提高栽植后的成活率。起苗深度一般是25～30厘米。起苗时应注意保护接芽（半成苗）或接口部，使其免受伤害。

按苗木大小、根系质量等将苗木分成不同的等级，有利于充分保证苗木的质量及栽植后的管理。分级过程中要注意剔除杂苗。为保证苗木新鲜，分级应在起苗后立即进行。挖出的苗木要避免风吹日晒，不能及时运出的，可暂时进行假植。杏苗木质量指标见表5-1。

表5-1　杏苗木质量指标

项目		等级	
		一级	二级
根系	主根长	25厘米以上	20厘米以上
	侧根数	5条以上	3条以上
	侧根长	20厘米以上	15厘米以上
	侧根基部粗度	0.4厘米以上	0.3厘米以上
	根系分布	均匀，舒展	基本均匀，舒展
茎干	高度（接口到顶部）	100厘米以上	80厘米以上
	粗度（接口以上10厘米处直径）	0.8厘米以上	0.6厘米以上
	倾斜度	15°以内	15°以内
	颜色	正常	正常
	整形带内饱满芽数	8个以上	5个以上
其他	嫁接口愈合程度	愈合良好	愈合良好
	砧木处理	砧桩剪除，愈合良好	砧桩剪除，愈合良好
	苗木的机械损伤	无	无
	检疫对象	无	无

（二）苗木检疫与消毒

植物检疫是通过法律、行政和技术的手段，防止危险性植物病、虫、杂草和其他有害生物的人为传播，保障农林业安全，促进贸易发展的措施，是一项特殊形式的植物保护。

因此，苗木出圃时要进行严格检验，一旦发现检疫对象，不论什么情况，都应立即将问题苗木集中毁掉。苗木出圃后，需经过国家检疫机关或受其委托的专业人员严格检验，签发证明后，才能调运。

苗木消毒和杀菌，可用 3～5 波美度的石硫合剂喷洒，也可浸苗 15 分钟左右，然后再用清水冲洗根部。如果带有某种害虫，可选用相应杀虫剂进行喷杀。

（三）苗木包装、运输与假植

要远途运输的苗木，起苗后按苗木大小每 20～50 株一捆，将苗捆扎紧，一般根部、中部和梢部各扎两匝，然后将根部填充湿锯末等潮湿材料或蘸以泥浆，再用湿草袋、湿草帘等包裹。每捆均要挂上标签，注明品种、数量、等级、出圃日期。在运输途中，要用苫布盖严扎紧，以免根部失水，影响栽植的成活率。长途运输时，应尽量缩短运输时间，如发现途中失水，应及时喷水保湿。冬季调运苗木，还要做好苗木的保温防寒工作。

起苗后，不能及时栽植的，应进行假植，特别是秋季起苗，第二年春季才定植的苗木。假植的方法是选高燥、背风、土质疏松的地方，挖深、宽各 1 米的沟，沟长可视苗木多少而定，沟底铺一层湿沙。将苗木每 20～50 株一捆，挂牌标记后，顺风向倾斜，分层排列于沟内。苗木间用疏松湿土填充，使根系与土壤充分密接，以防根系发热和霉变。覆土厚度以超过苗高的 2/3，并高出地面 15 厘米以上为宜，以防积水。在高寒地区，覆土可厚些，严冬时节还要盖草防寒。假植的苗木第二年早春要及时检查，土壤干燥时要适当补水。

第六章　无公害杏园的建立

一、园地选择

（一）根据杏树的特性选择园地

杏树抗寒、耐旱、耐瘠薄，平原、山地、丘陵均可种植，但也不是任何地方建园均能获得好的收益，园址选择的正确与否关系到经营的成败。因此，根据杏的生长发育对环境条件的要求，在建园时应注意以下几点。

1. 在杏的适生区域内建园　是否能满足杏生长发育的有效积温和冬季最低温度及其持续时间影响杏分布的北界；冬季0～7.2℃低温的累计时间能否满足杏的休眠影响其分布的南界。因此，我国栽培杏的分布范围，大体以秦岭、淮河为界，淮河以北分布较多，黄河流域各省最多，为主要的经济栽培区；淮河以南及长江流域各省栽培很少。

2. 避开洼地　杏树耐涝性差，因此，平原地带建园时，注意避开洼地和地下水位过高的地方。

3. 避开冷空气易集结的地方　无论平原还是山地建园，均应避开冷空气容易集结的地方。山地中，东、南、西三面环山的北向坡地，四面环山的盆地，谷底或凹槽地，均是冷空气容易集结的地带，霜、冻害比较严重，不宜建立杏园。

4. 正确选择地势、坡度和坡向　中低山和丘陵是建园的理想地带，应选择坡度小于20°、背风向阳的南坡或半阳坡建园。

南坡日照充足，春季地温上升快，杏树物候期早，果实着色好，品质佳。山顶的海拔较高，温度变化大，风大，不宜建杏园。坡度过大时，水土流失严重，土层薄，肥力差，不耐旱。东坡和西坡温度变化剧烈，一旦发生霜冻，不易恢复。北坡日照短、温度低，也不适宜建园。

5. 选择壤土和沙壤土建园　土壤的理化性质对杏树的生长和结果影响很大。砂石过多的土壤，土壤肥力低，保水、保肥性能差，对植株地上与地下部生长都不利，此类土壤在建园前必须进行深翻熟化。过于黏重的土壤，通透性差，会抑制根系的伸长和呼吸，还易引起流胶病等病害。最理想的是沙壤土和壤土，其通气排水良好，有利于根系的生长和扩展。

6. 禁止在重茬地建园　核果类果树的残根中能产生一种名为苦杏仁苷的物质，对杏的根系生长有毒害作用。因此，在杏树、桃树、李树和樱桃树的迹地再建杏园易发生再植病，轻则树体发育不良、品质差，重则死树，导致建园失败。所以，禁止在前茬为杏、桃、李、樱桃等核果类果树的地方建立杏园。杏树补树时应避开原定植穴，还要清除残根，客土晾坑，增施有机肥。

（二）根据经营的性质选择园址

以生产鲜食杏为目的的杏园，应选择交通方便的地方，最好临近市场；为满足城市居民休闲自采的杏园要建在近郊或离城市较近、交通便利的地方；以生产加工用杏为目的的杏园，最好建在加工厂附近。以生产仁用杏为目的的可充分利用山地、丘陵。

（三）杏园环境条件要符合无公害果品生产要求

1. 园址远离污染源　选择生态环境条件符合无公害果品生产要求的产地是园址选择的先决条件和基础。无公害杏的产地，应选择生态条件良好，远离污染源（工业废水、废气、废渣等），具有可持续生产能力的生产区域，该地域的大气、土壤和灌溉水经检测符合国家标准。

无公害杏生产的产地环境质量应符合《农产品安全质量无公害水果产地环境质量要求》GB/T 18407.2—2001 的规定。

2. 无公害杏产地的环境质量要求

（1）大气环境质量条件　无公害杏产地的空气质量包括总悬浮颗粒物、二氧化硫、氮氧化物、氟化物和铅的含量共 5 项指标，按标准状态计量，均不得超过表 6-1 中规定的限值。

表 6-1　环境空气质量要求

项　目		浓度限值	
		日平均	1 小时平均
总悬浮颗粒物（标准状态，毫克/米^3）	≤	0.30	—
二氧化硫（标准状态，毫克/米^3）	≤	0.15	0.50
氮氧化物（标准状态，毫克/米^3）	≤	0.12	0.24
氟化物（微克/米^3）	≤	月平均 10	
铅（标准状态，微克/米^3）	≤	季平均 1.5	季平均 1.5

（2）产地灌溉水质量条件　无公害杏产地的灌溉水包括地下水和地表水，其质量包括水的酸碱度（pH）和氯化物、氰化物、氟化物、汞、砷、铅、镉、六价铬、石油类的含量共 10 项指标，其浓度限值如表 6-2 中的规定。

表 6-2　灌溉水质量条件

项　目	浓度限值
氯化物（毫克/升）	≤250
氰化物（毫克/升）	≤0.5
氟化物（毫克/升）	≤3.0
总汞（毫克/升）	≤0.001
总砷（毫克/升）	≤0.1
总铅（毫克/升）	≤0.1
总镉（毫克/升）	≤0.005
铬（六价）（毫克/升）	≤0.1
石油类（毫克/升）	≤10
pH	5.5～8.5

（3）产地土壤环境质量条件　无公害杏产地土壤环境质量包括汞、砷、铅、镉、六价铬、六六六和滴滴涕的含量共7项衡量指标，均不能超过表6-3中规定的限值。

表6-3　土壤环境质量要求

项　　目		含量限值		
		pH<6.5	pH6.5～7.5	pH>7.5
总汞（毫克/千克）	≤	0.30	0.50	1.0
总砷（毫克/千克）	≤	40	30	25
总铅（毫克/千克）	≤	250	300	350
总镉（毫克/千克）	≤	0.30	0.30	0.60
总铬（六价）（毫克/千克）	≤	150	200	250
六六六（毫克/千克）	≤	0.5	0.5	0.5
滴滴涕（毫克/千克）	≤	0.5	0.5	0.5

二、园地规划与土壤改良

（一）园地规划

杏是多年生果树，一般种植后多年不变，因此在建园时要进行合理的规划设计，尤其是大型果园。

1. 园地规划的原则和步骤　合理的园地规划要做到经济利用土地，便于生产管理和运输，有利于杏园的水土保持和机械化作业，在满足上述条件的基础上尽量使园貌整齐。大型杏园的规划更要长远考虑。规划内容有小区的划分、道路、排灌系统、辅助设施和防护林等。规划前首先要对地形、地貌、土壤及果园附近的交通状况进行考查，绘制地形图，以备具体规划时参考。

2. 合理划分小区　杏园划分成若干个小区，有利于生产管理、采收运输、水土保持和机械化作业等。

小区的形状与大小可根据地形、土壤和道路等而定。如果杏园较小，地形和土壤又相对一致，可以不分小区；大型杏园在分区时力争做到使同一小区内地形、地势和土壤一致，又便于栽培管理、病虫害防治和采收运输。

小区面积：平原地区一般以10亩左右为宜，丘陵和山地要依地形等情况酌情而定。

小区的形状：平地杏园以长方形为好，长宽比2∶1～4∶1。丘陵和山地杏园，要根据地形划分成不同形状的小区，但在整地时，要使地块的长边与等高线平行，以利于水土保持。

3. 道路和水利系统　正确地设置道路便于生产管理，能减轻劳动强度，提高工作效率。

园内道路，一般由主道、支道和作业道组成。主道贯通全园，且与村庄、公路相通，支道与主道相连，支道间相互平行，主道与支道把杏园分成若干个小区。作业道根据需要设置，其与支道相连通。路面最终宽度：主道4～6米、支道3～5米、作业道2～3米，各级道路宽窄依机械化程度而定。为了经济利用土地，灌水渠道一般设置在主道和支道的两侧，位置要高于小区。有条件的可设置地下管道或水泥明渠，条件较差的也要在横过主、支道的地段埋永久性管道。

不论在何处建园，都应考虑排水问题。在设置排水沟时要先观察地形，多找出几个出水口，根据当地降雨量和土壤黏重情况，在适当的面积内设置一条排水沟。

4. 防护林的建立　防护林的主要作用是降低风速、减少风害、保持水土、调节杏园土壤及空气的温度和湿度，以改善杏园的生态环境，保证杏树的正常生长和发育。

防风林的营造可根据当地的风害情况，结合水土保持工程和道路设置综合考虑。面积较小的杏园，可只在主风向上栽种防风林，或用边行杏树通过株行距加密作防风林用。在风沙大的地区，应营建防护林网。林网小区的面积以150～200亩为宜。

防护林网由主林带和副林带组成。平原地带，主林带应建在杏园的迎风面，与当地主风向垂直；丘陵地区的杏园，防护林可

营建在沟谷两旁或分水岭上。林带距其南侧的杏树以10～15米为宜，距北侧杏树以15～20米为好。主林带种植时，远离杏树的一侧栽植3～8行乔木树种，株行距均为2～3米，近杏树的一侧栽植灌木树种2～3行，株行距均为1米。林带长大后可形成“挡风墙”。

防护林的乔木树要选择适应当地气候和土壤、树冠高大、发芽早、生长快、寿命长、与杏树无共同病虫害、经济价值较高的树种。灌木树种要枝叶繁茂、抗寒、耐旱。北方地区，乔木树种可选用杨树、刺槐、桦树、侧柏、樟子松和云杉等，灌木树种可选择紫穗槐、沙棘、花椒、桑条、白蜡条、沙柳和柏柳等。

大型杏园应在建园前提早1～2年营建防护林。最迟也要在建杏园的同时营建防护林。

（二）土壤改良

杏树虽是抗干旱、耐瘠薄的果树，但深厚肥沃的土壤更能保证杏树的良好生长和发育。因此，在园址选定之后，应当对栽植地的土壤进行深翻熟化，增施有机肥和进行必要的水土保持工作，这在山区土层浅薄、水土容易流失的地方更为重要。

在平原地带建立杏园，如果园地地势较低、土壤黏重或轻微盐碱，应设置排水沟或修建台田；栽植前也应该进行土壤熟化，增施有机肥，改善土壤的理化性能。

在山地建立杏园，最好先修成水平梯田或等高撩壕，然后再栽杏树。在坡度较大又来不及修梯田的地方建园，也可先在定植点挖成鱼鳞坑，将坑内碎石取出，换上熟土，压些绿草或施一定数量的有机肥。为使土壤有一个熟化的过程，水土保持工程宜在栽树前半年到一年进行。研究表明，有无水土保持工程，对山地杏树的生长发育影响极大（表6-4）。生长在梯田中的杏树，无论其地上部还是地下部，都远比生长在山坡上的旺盛，前者的产量也显著高于后者，相当于后者的3倍多。

表 6-4 梯田中与山坡上杏树生长发育及产量的比较

地 点	垂直根最大深度（厘米）	树高（厘米）	垂直根/树高	水平根最远分布（厘米）	最大枝展（厘米）	水平根/枝展
梯田中	580	341	1.7	760	390	1.95
山坡上	125	332	0.33	285	380	0.75
地 点	地上部总重（克）	根总重（克）	地上部/地下部	全树总重（克）	根/全树重（%）	产量（1956 年）（千克/株）
梯田中	81 000	14 798.9	5.47	95 798.2	15.44	32.5
山坡上	46 142	5 222.6	8.80	51 364.6	10.16	10.0

注：杨文衡，1959，品种为青皮杏，树龄分别为 20 年生和 22 年生。

（三）品种选配

杏树品种的正确选择和合理搭配，是保障杏园获得最大经济效益的重要措施。品种选择应根据经营的目的、规模、方式、交通、市场需求及当地生态条件如气候、土壤等来确定。

1. 选择适应性强的品种　杏树中大部分品种为地方品种，在长期的栽培过程中，形成了对本土较好的适应性，其中有些品种引入异地特别是在与原产地生态条件差异较大的地区栽培，易表现出明显的不适应现象，失去了原有的优良特性，如果个变小、风味变淡、由甜变酸、生长不良、易遭花期冻害、病害严重等。因此在建园时一定要先引种试栽，再扩大种植，不要盲目跟风，以免造成惨重的经济损失。

2. 鲜食品种和加工品种合理搭配　面积较小的杏园，又有精细管理条件，产品以自销为主，特别是供市民旅游观光的杏园，应选择早熟、大果、品质好的鲜食品种。

规划较大的商品基地杏园，土壤肥厚的地方应种植肉用杏，以加工品种为主，适当搭配鲜食品种；山地、丘陵地区，土壤和交通条件好的，以加工品种为主，搭配适量的鲜食品种；在土壤瘠薄的山地则应以仁用杏为主。

3. 早、中、晚熟品种合理搭配　杏成熟期比较集中，大多集中在 5 月下旬至 7 月中旬，中晚熟品种又与西瓜和桃等水果相

遇，市场竞争时有发生。因此，在考虑鲜食杏的品种结构时，要使早熟品种占到足够的比例，以获得理想的收益。

4. 授粉品种的搭配　除欧洲杏品种群中的大部分品种外，其他大多数杏品种的自花授粉结实率都很低或不结实，而且不同杏品种间授粉，有的还存在不亲和现象。因此，在建园时，必须选配授粉品种，搭配合适的授粉组合，才能获得高而稳定的产量。理想的授粉品种应与主栽品种亲和性强，花期与主栽品种相同，花粉量大，经济价值较高，最好能同时成熟，或者授粉品种较早熟。

一般情况下，主栽品种与授粉品种的比例为3～4∶1，即每栽3～4行主栽品种，配置一行授粉品种。也可以几个主栽品种互相为授粉品种，彼此等量栽植。但对于大型商品性杏基地来说，栽植品种不宜过多。品种过多，不但不便于管理，而且会降低商品率。一般以3～5个品种为宜。

三、栽植密度与方式

（一）栽植密度

栽植密度的确定要根据当地的气候、土壤、水利条件、品种生长特性和管理水平等综合考虑。

在土层深厚、肥沃、水利条件好的壤土地建园，树体生长量大，应适当稀植。株行距一般以4～5米×5～7米为宜。

在土壤干旱瘠薄的沙荒地、山坡地及丘陵干旱地建园，树体生长量小，可适当密植，株行距一般以2～3米×3～5米为宜。

在自然和土壤条件较好，且栽培技术和管理水平较高的杏园，栽植密度可适当大些，以充分利用土地和阳光，增加早期单位面积产量，提高经济效益。株行距一般以2～3米×3～5米为宜。

（二）栽植方式

栽植方式的确定应以合理地利用土地和阳光、提高单位面积产量和方便管理为原则。平地常见的栽植方式为长方形。山地、丘陵地的杏园根据地形地貌还可采用等高栽植或正方形的栽植方式。

1. 长方形栽植　长方形栽植又分为单行长方形和双行带状形（一密一稀）两种方式。单行长方形采用大行距、小株距，该种栽植方式，有利于通风透光和机械化作业。双行带状栽植，可充分利用土地，提高栽植密度。据辽宁省干旱地区造林所的研究，在一定的密度下，这两种栽培方式对大杏扁产仁量的影响无明显差异。平地建园宜采用南北行。南北行栽植，树冠的东西两侧受光均匀，并且比东西行栽植树冠多吸收13%左右的直射光。

2. 等高栽植　在山地和丘陵地建园，应把行向设定在等高线上，以便于充分截获阳光，经济利用土地，保持水土。但应根据地形和坡度注意加行或减行。

3. 杏、粮间作　杏、粮间作是一种值得提倡的栽培方式，尤其是在耕地面积很少的地区，可以实现杏、粮双丰收。该种植方式，杏树的行距大，株距小。杏、粮间作不仅可提供优质杏果，而且杏树高大的树体和繁茂的枝叶，还可为农作物提供保护的屏障，具有防风、固沙、增加空气湿度、改善生态环境的作用。间作物的肥水管理也改善了杏树的营养状况，两者相得益彰。种植农作物以不与或少与杏树争肥、争水、争光、生长期短为原则，可视行间大小而定，行间小的可种植薯类、花生和豆类，行间距较大，也可种植小麦、棉花等矮秆作物。杏、粮间作的栽植密度，可掌握“宁可行里密，不可密了行”的原则，一般可采用2～3米×6～10米的株行距。

四、栽植技术

（一）栽植时期

杏树栽植宜在休眠期进行，分春栽和秋栽。栽植时期的选择主要根据当地气候特点而定，此外，还要根据农事忙闲情况

安排。

春栽：即在早春土壤解冻以后至杏苗萌芽以前进行。我国北方地区，一般在惊蛰至清明前后（3月中旬至4月上旬），春栽的优点是幼树成活率高，又不需防寒，缺点是幼树缓苗期长、恢复生长慢。有灌溉条件的地区可以采用春栽。

我国东北和西北地区、华北北部及高寒山区，无霜期短，冬季严寒，以春栽为宜。但可采取夏、秋季挖坑，积蓄雨雪，春季栽树的方法，不仅能提高栽植成活率，而且也可省去新植幼树的防寒工作。

秋栽：是在杏树落叶以后至土壤封冻以前的这一时期内进行。优点是当年伤口即可愈合并生出须根，翌春缓苗期短，成活率高，生长势强。

在秋季降雨较多、春天干旱的地区，宜采用秋栽。但秋栽的幼树，在严冬到来之前需进行防寒，否则，容易发生抽条和冻害，降低成活率。在春季繁忙、人员短缺的情况下，可在秋季栽植，以充分利用农闲时间。

（二）栽植方法

1. 定植坑的准备

（1）标明定植点　在杏园规划和土壤改良的基础上，测量标记出各级道路，在各级道路上标记出每行的位置，并栽植明显的行标记，之后，再在栽植区按设计好的株行距，用石灰或木棍等标明定植点。

（2）挖定植坑　作好标记后，以定植点为中心，根据密度大小挖定植坑或定植沟。定植坑的长、宽、深均应在0.8～1.0米范围内。定植坑的大小要根据土壤情况而定。山区土层薄的地方或黏重地建园，定植坑应挖大些；而在沙壤地建园，定植坑可挖小些。挖坑时表土和底土要有规律地分别放置，并将坑底翻松。

在山地、河滩及河流冲积地区建园，挖坑时常碰上岩石、河卵石和黏盘层，这种情况下，不但坑要挖大，还要将其中石头全部挖出，并用表土回填，也可用爆破法打开定植坑，但要注意安全。

遇到土壤过于黏重时，要适当掺沙，沙性过大的土壤要适当增加黏土。土、沙比例以 1∶2～3 为好。

在土壤条件差的地方，定植坑最好提前挖出，可采用秋栽夏挖、春栽秋挖的方法，以使坑底层的土壤得到充分熟化，蓄积雨水，有利于苗木根系的生长。

（3）回填和施肥　定植坑回填时，先在坑底隔层填入有机物和表土，厚度各 10 厘米，有机物可利用秸秆、杂草或落叶。将其余表土和有机肥及过磷酸钙或磷酸二铵混合后填入坑的中部，近地面时也填入表土，将心土撒开摊平。每株施入充分腐熟的有机肥（人粪尿、圈肥、鸡粪、羊粪等）50～100 千克、过磷酸钙 1 千克或磷酸二铵 1～1.5 千克。

（4）灌水沉坑　有灌溉条件的最好灌水使坑土沉实，灌水有困难的要将坑土逐层踩实，以防定植浇水后下沉过多而不利于杏树的生长。

2. 苗木准备

（1）选苗和分级　定植用的苗木最好随起苗随栽植，选用优质壮苗（接口以上 10 厘米处直径在 0.8 厘米以上、主干直立、枝条充实、有光泽、整形带内具有足够数量的饱满芽、根系发达），并按大小和质量进行分级，但苗木不可过大，否则，起苗时较难确保根系质量。外地苗木定植前仔细检查苗木有无检疫性病虫害。

在干旱地区建杏园最好选择旱地苗圃或后期控水好的苗木，这种杏苗栽植成活率高，栽后返苗快。

（2）根系修剪和浸根　定植前剪平伤口，去掉多余的分枝。从远地购入的苗木，因长途运输或贮藏不好，失水较多，栽前要将苗木在水中浸泡 1～2 小时，使根系吸足水分后再进行栽植。为了预防根部病害，或在补树时，苗木宜用 3～5 波美度的石硫合剂浸根 5～10 分钟。

3. 定植

(1) 按事前设计好的品种分布发放苗木。

(2) 确保根系舒展　栽植时，最好两人配合。将苗木放于坑中心，使其横竖成行，嫁接口朝向迎风面，根系要舒展。然后随埋土随向上提根，再确认位置是否正确，最后踏实。

(3) 栽植深度要适宜　以苗木原来的根颈部稍低于土面为宜，浇水后使苗木能保持在苗圃地的深度。栽植不宜过深或过浅，过深不易缓苗，过浅不易成活。

4. 栽植假植苗（园）　为使补栽树与原定植树大小基本一致，保持整体园貌整齐，大型商品基地杏园应在定植的同时，建立假植园；规模小的杏园应预备假植苗，假植苗数量约为定植树的5%～8%，随栽随起苗的可少些，外地购入、质量差的苗应多些。假植苗以行距1.5米、株距1米为宜。

5. 栽植后的管理

(1) 浇水、覆盖地膜　栽植后要立即浇水，扶正倒伏的植株，水渗后用表土在树干基部封土堆以固定植株，并将坑缝密合。隔5～7天再浇一水，浇第二水后最好将根际范围覆盖地膜，以保持水分，提高地温，促进幼苗生长。

在水源缺乏的地区，可采用“闹水栽”或“泥浆栽”技术。“闹水栽”技术：将苗木根系放入坑内后，随埋土，随浇水，以使苗木根系与泥水密接。“泥浆栽”技术：根据苗木根系大小挖一个适宜坑穴，浇一桶水搅成泥浆，然后将根系轻轻浸入泥浆中，填土把树苗栽好，修好树盘再浇一桶水，待水渗后封土踩实。

(2) 定干、防寒　苗木定植后要及时定干，以减少水分损失，并使地上部和地下部保持平衡，利于幼树的成活和生长。定干高度为80厘米左右，剪口下留壮芽，并留桩1厘米左右，以防风干。

秋植幼树在入冬前应进行防寒，以免抽条和冻害，该项工作在北方冬季干、寒地区尤其重要。可将幼树自近根部弯倒，苗木倒向跟当地主要风向相同，用土埋严，并超过15厘米。幼树较粗，弯倒有困难的，可以采用下部堆土堆，上部扎草把的方法防寒。

（3）病虫害防治　栽植当年，常见的害虫有黑绒金龟子、桃蚜、卷叶虫、天幕毛虫、舟形毛虫等，要注意观察，及时防治。

（4）抹芽、刻芽和正干　及早抹除苗干下部的芽，有利于整形带内枝条的生长。而在杏树发芽后对于苗干整形带内无萌发迹象的芽，要选择位置和方向合适的实施刻芽。选好芽位后，在其上方1厘米处横切一刀深达木质部，或抹一小块（绿豆大小）发枝素，可起到刺激发枝的效果。苗干倾斜的植株，要在基部靠近苗干处立一支柱，加以纠正，以防由于苗干倾斜，引起偏冠。具体操作时要注意保护接口，以防折断。

6. 补栽　及时调查成活情况，分析死亡原因，并于建园后第二年春季进行补栽。用于补栽的一般均为大苗，要求刨苗时苗木根系大，剪平伤口，并按树形要求进行修剪，去掉部分枝梢，栽后及时连浇两水，确保成活及正常的生长发育。

第七章　杏园的土肥水管理

一、土壤管理

良好的土壤管理，可以改善土壤的理化性能，使其通透性良好，促进微生物活动，保证杏树的根系在适宜的环境中生长。而强大的根系又为杏树吸收水、肥提供了先决条件。只有根系强大，吸收根发达，才能保障地上部的生长发育。因此，提高杏园的土壤管理水平，是获得杏树高产、稳产和优质的重要前提。

种植在山坡、荒地等土壤瘠薄和土壤黏重地的杏树，土壤改良的作用更加明显。

（一）深翻与整修树盘

杏树是深根性树种，在适宜的土壤环境中，随着树龄的增长，根系扩展很快。因此，需要年年深耕或深翻土壤，这样才能保持土壤的通透性，增强保肥、蓄水性能，提高肥力，有利于根系的生长，从而促进地上部的生长发育。

我国杏树主要分布在北方地区，而且大多种植在山区、丘陵和沙荒地，土壤瘠薄，理化性能差，保水、保肥力较低，很难满足杏树根系正常生长的需要，因此这些地区杏园的土壤深耕非常重要。

1. 深耕或深翻

（1）深耕　在春、夏、秋都可进行。春耕宜在 2～4 月份、土壤化冻以后进行；夏耕宜在雨季以前进行；秋耕可在 8～9 月份果实采收后结合施基肥进行，秋耕也是深翻最适宜的时期，因为此时深翻，根系伤口容易愈合，而且可以发出新根，有利于第二年杏树的生长和结果。秋耕后地表经过日晒和冻土，可消灭越冬害虫，减少次年的虫源；土壤经过漫长的风化有利于改善土壤的理化性能。

（2）深翻　耕翻的深度因地下水位、土壤质地和结构不同而异。山区旱薄地、石质严重、黏重地、地下水位低者宜深，一般应在60～100厘米，砂质土、土层深厚、地下水位高的宜浅，一般40～60厘米即可。深翻位置随着树体的大小和栽植密度而定。

幼树期的深翻可按单株进行，以树冠垂直投影的边缘为内界挖环形沟，也叫深翻扩穴。树体长大后或者栽植密度过大时，可改为行间或株间挖沟，每年改换方向和位置，多年后便可将全园深翻一遍。挖沟时，注意不要伤及粗根，表土和底土要有规律地分开堆放。回填时，将表土与农家肥（圈肥、鸡粪、羊粪）或作物秸秆、落叶、杂草等有机物掺和在一起，最好在其上撒一些磷肥如过磷酸钙或磷酸二铵，填入沟的下半部，将底土填到沟的上半部。

2. 整修树盘　在山区、丘陵地和干旱地栽植杏树，由于坡度较大，水、土保持能力差，因此，栽植杏树前要进行树盘整修。如果当时来不及整修树盘，可在定植后及时补上此项工作。

新植幼树，可在树周围修成圆形或方形的土埂，树盘直径1.0～1.5米，高约15～20厘米。随着树龄增大可逐年适当加大。密度较大的杏园，可用做畦的方式代替单个树盘。修树盘要里浅外深，不伤大根。生长季节要经常除草。

修树盘的目的是为了有效地保持水土和进行肥水管理，在山区和干旱少雨地区要结合施肥、灌水，每年春、秋修整树盘各一次。春天杏树发芽前刨树盘有利于稳定地温；落叶后刨树盘可以积蓄冬季雪水，消灭地下越冬的害虫。

有无树盘对杏树生长发育的影响很大。据李发清调查，有树盘的杏树，地下 10～40 厘米处的根量，比无树盘的多 2.5 倍，新梢比无树盘的长 12～15 厘米。

（二）果园生草

1. 果园生草的优点　果园生草法，即人工全园种草或只在果树行间带状种草，选用的草为优良的 1 年生或多年生牧草；也可以是除去不适宜种类杂草的自然生草。生草地除了刈割草作业以外，不需其他的耕作。人工生草地由于草的种类已经过人工选择，它能控制不良杂草对果树和果园土壤的有害影响。

果园生草、覆盖是先进国家普遍采用的现代化、标准化的果园土壤管理技术。实践证明，在多种土壤管理方法中比较，生草法是最好的一种。果园生草主要有以下优点：第一，可以起到防风固沙，保持水土的作用。果园草层的存在，可减少坡地水土流失。第二，果园生草可大大提高土壤有机质含量。据报道，连续种草 3～5 年，有机质含量可提高 0.4%～0.7%。第三，果园生草可提高土壤有效养分含量，草根吸收铁、钙、锌、硼的能力强于果树根系，并把它们转化为果树可吸收态，有效磷、钾可提高 10%～35%。第四，改善果树生态环境。草层使土壤中水、肥、气、热、微生物五大因素处于适宜、稳定的状态。草根有助于形成土壤团粒结构，减少表土层温度变幅，有利于果树根系发育和活动。土壤表面蒸发减少，土壤含水量提高 1.32%～3.51%。草层害虫天敌种群（中华草岭、食蚜蝇等）数量增加，可减少用药次数和用药量。第五，节省锄草用工。草长高后用人工或机械刈割，而不用锄草，可节省生产费用 13%。第六，便于行间作业。雨过树叶干后，马上可进地作业（特别是打药），不误农时。第七，实现果园的良性循环。生草刈割后，饲养家禽、家畜，其粪便进入沼气池发酵，沼渣用于果园施肥，以园养园，实现良性循环。绿肥植物的营养成分含量见表 7-1。绿肥植物单位面积获得的营养成分含量见表 7-2。

表 7-1 几种绿肥植物的营养成分含量

种 类	状态	N (%)	P_2O_5 (%)	K_2O (%)
紫云英	鲜草	0.33	0.08	0.23
	干草	2.75	0.66	1.91
普通苕子	鲜草	0.56	0.13	0.43
	干草	3.11	0.72	2.38
田菁	鲜草	0.52	0.07	0.15
	干草	2.60	0.54	1.68
绿豆	鲜草	0.60	0.12	0.58
	干草	4.17	0.83	4.03
柽麻	鲜草	0.78	0.15	0.30
	干草	2.98	0.50	1.10

表 7-2 几种绿肥植物单位面积获得的营养成分含量

绿肥种类	全氮含量（千克/公顷）	全磷含量（千克/公顷）	全钾含量（千克/公顷）
沙打旺	344.63	49.11	128.70
紫花苜蓿	282.03	31.98	82.76
草木樨	192.31	25.46	66.91

2. 果园生草的主要缺点与对策

（1）与果树争肥水的矛盾　旱地果园生草较为突出，解决的办法是增加灌溉设施，旱地果园应种植豆科牧草，并限于行间生草，行内清耕，缺水期要刈割草层达 7～8 厘米高。

（2）易遭鼠害威胁　果园种草不用易遭鼠害的紫花苜蓿和毛苕子，选用其他草种；在树干部套上保护树干的塑料网罩或涂上符合无公害果品生产要求的防鼠忌避剂。

（3）早期落叶病加重　果园生草早期落叶病加重，尤其是斑点落叶病和褐斑病因地面草层上残留病叶多，病菌基数大，易造成次年大发生，注意用 80%大生 M-45、80%喷克或多抗霉素等防治。

（4）金纹细蛾发生趋重　生草区金纹细蛾虫口率比清耕区高 13%～15%，虫情指数高 40%以上。一般用性诱剂和细蛾天敌

来防治，最好在一二代成虫期用25%灭幼尿3号进行防治。

(5) 妨碍施基肥操作　生草有长期和短期两种，长期是在栽树的同时，于行间播种多年生草，定期刈割，不加翻耕。为不影响施基肥，可选择适宜草种（1～2年生草），逐年或隔年播于行间，花前或秋后刈割。

(6) 生草条件　行间有一定空间，年降雨量500毫米以上，或不足500毫米，但有一定灌溉条件的地区和果园，并能在草高后及时刈割的均可进行生草栽培。

3. 生草技术要点

(1) 生草种类的选择　生草，一般是多年生牧草，有些草虽然为一二年生，但其脱落下的种子也可使之多年生长。绿肥作物，一般是指一年生或多年生牧草，生长季节被耕翻到土壤中作为肥料。有些多年生绿肥作物可以在幼龄果园当生草用。

根据目前我国果园和牧草资源的条件，人工生草采用草种类的选择原则主要是：

①草的高度要低。生草要尽量不影响或少影响果园的通风透光，要求草种低矮、生长快、产草量较高、地面覆盖率高。一般生长最大高度应在50厘米以下，匍匐生长的草较理想。一些种类的草尽管长得低矮，但产草量小，不能很好地覆盖土壤表面。覆盖率低的生草地，很容易生长其他杂草，给管理造成麻烦，反而达不到生草的目的。

②选择与果树争肥、争水势力小的草种。草的根系应以须根为主，最好没有粗大的主根，或有主根但在土壤中分布不深。果树根系一般分布较深，如果草的根系也较深，两者就易产生争肥、争水的矛盾。在众多的草资源中，禾本科的草，多须根系，根分布浅，是较理想的生草种类。

③没有共同的病虫害。最好是没有与果树共同的病虫害，而且又能为果树害虫天敌提供栖息场所的草种。有些杂草容易生蚜虫和红蜘蛛，不但为害草，也为害果树，故这些种类的草不适合

做生草用。

④覆盖时间长。应选择在地面覆盖的时间长而旺盛生长时间短的草种，以减少草与果树争夺土壤水分和营养的时间。

⑤选择耐阴、耐践踏的草种。果树高大会遮挡阳光，影响喜光品种草的生长而降低生草的作用，因此应选择在树阴下生长良好，又不怕机械或人工作业的压扎或践踏，甚至还能促进其茎蔓着地生根，或促进多分株，更快地繁殖和覆盖地面的草种。

⑥繁殖简便，管理省工，适合于机械作业。一种草不可能同时具备以上全部条件。在选择草的种类时，应根据果园的情况和管理水平而定。根据主要矛盾或需要有所侧重。如幼龄果园，果树行间空闲大，草和果树的矛盾不太突出。草种可以较高大些，其生长量大，产草量高，对地表的覆盖快，可更快提高土壤肥力。成龄果园应选择耐阴、耐践踏、植株矮小的草种。

果园生草，可以用单一种类的草，也可以两种或多种草混种。国外采用生草的果园，大多选择豆科的白三叶草与禾本科的早熟禾草混种的方式。这两种草混种的好处是：白三叶草根瘤菌有固氮能力，可培肥地力。早熟禾草耐旱，适应性强。两者结合起来，生草效果更好。

（2）生草年限　生草有长期和短期两种，长期是在栽树的同时，于行间播种多年生草，定期刈割，不加翻耕；短期生草是选用1～2年生草，逐年或隔年播于行间，花前（豆科）或秋后刈割。

（3）生草方式　生草方式有全园、株间、行间生草3种。土层厚、肥沃的果园，可用全园生草的方式；土层浅薄的果园，多用行间或株间生草方式。

（4）生草方法　生草方法有自然生草和人工生草两种方法，前者因地而宜，有什么草种就留什么草；后者是通过人工播种，选择某一二种适宜草种，播种于果园。从春季至秋季当地温15～20℃时均可播种，草种有禾本科草（鸭茅草、紫羊孤茅草，黑麦

草等）和豆科（三叶草、百脉根、紫花苜蓿、小冠花等）两类，可单播也可混播。

（5）生草管理　为了避免有害杂草的影响，一般选择抗杂草能力强的白三叶草。当草高达 30 厘米以上时，开始刈割，留草高度 8～10 厘米，全年刈割 4～6 次。割下的草可用作沤堆肥，可撒于原处或树盘，也可用于喂养禽畜。在生草的前几年，为防止生草与果树争肥，早春比清耕园多施 50％的氮肥。采用地面施入或树体喷施（生长期喷 3～4 次，浓度 0.3％）。

（6）生草更新　生草 5～7 年后，草逐渐老化。地表变硬，通透性差，应于春季及时浅度翻压，休闲 1～2 年后再进行播种。

（三）果园覆盖

在杏树树冠下、行内株间、行间或全园覆盖有机物（草、秸秆、落叶等）和塑料薄膜，可起到保墒、提高肥力的作用，因而地面覆盖是提高抗旱性的有效措施。

果园覆盖可以减少土壤水分的散失，起到保墒的作用；覆草可以增加土壤的有机质，促进团粒结构的形成，增强透水性和通气性，促进果树根系的生长和吸收根的增加；覆盖的有机物，能阻碍土壤表面与大气间热量的交换，可减少地温的日变化和季节变化，起到调节地温的作用；有利于土壤动物和微生物的活动；果园覆盖还能抑制杂草的生长，减少果园用工。

杏园覆盖要因地制宜，在北方平原的小麦、玉米产区，可利用麦秸和玉米秸作覆盖物；山区、丘陵可用草或绿肥，割下后就地覆盖；甘肃干旱地区及黄土高原一带，可在杏树下地表面铺一层厚度 10 厘米左右的河沙或粗沙与石砾的混合物，此方法为该地区一种独特的土壤管理方式，果农称之为“沙田”，保墒效果显著。

果园覆盖前要平整土地，为加速有机物腐烂可在地面上每株使用碳酸氢铵 0.2～0.5 千克。覆草厚度 15～20 厘米，覆盖时间以5～6 月份为好。全园覆草应留出作业道，以便灌水及进行其

他管理。初次覆草时每亩用草1 500～1 750千克，以后每年补充腐烂的部分，6年平均每年用草750～1 000千克。也可以在秋后进行翻压，翌年再覆。

覆草应注意：覆盖用草应尽量细碎，争取在较短的时间内腐烂、生效；金纹细蛾、旋纹潜叶蛾等潜叶蛾类害虫在覆草后发生量上升较快，应加强对潜叶蛾类害虫的防治。在潜叶蛾类害虫发生期，喷布灭幼脲3号1 000～1 500倍液，全年共喷布2～3次，可控制其为害；覆草后春季地温上升较慢，应注意采取提高地温的措施，可在覆草后，再覆盖塑料地膜；在平原低洼或土壤黏重的地块，覆草后易发生黄叶病，早春易受到晚霜危害；在排水较困难的地块，应尽量减少覆草面积；覆草后应注意干旱季节的防火工作。

（四）合理间作

在幼树期到结果初期，尤其是种植后的最初2年，杏的树冠小，根系分布范围也小，可在树盘以外的行间土地种植合适的间作物，一方面，可增加杏园的经济收益，达到“以短养长”的目的，另一方面，又可以起到改良土壤、防止水土流失、减少杂草蔓延的作用。

由于果园间作物在许多方面易与杏树的生长发育发生矛盾，因此，在选择和种植间作物时应遵循如下原则：第一，以矮秆作物为好，以免影响幼树的正常生长。可间作各种豆类、花生、草莓、西瓜、低秆禾本科作物、甘薯、药材和绿肥等。土壤肥水条件好的杏园可间作草莓、小麦、西瓜等；土壤瘠薄的山地适合间作耐旱性强的花生、豆类、谷物和甘薯等。第二，要留足树盘，使间作物与杏树保持一定的距离。树盘大小依土壤气候条件、树龄和树的长势而定，一般栽植当年树盘留0.8～1米，第二至三年留1～1.5米，3～5年生树要留1.5～3米。避免与幼树争肥、水和阳光。第三，间作物与杏树没有相同的病虫害，尤其不得有相同的病害，以免给果树生长和生产管理带来麻烦。

二、合理施肥

果园合理施肥就是针对果树营养特性和土壤性质选择肥料，施足有机肥，根据土壤养分状态和不同果树或同种果树在不同的生育时期对营养元素的种类、数量及其比例的需求特点，及时、合理地补充速效肥，充分发挥肥料的增产和提质作用。杏园合理施肥可促进杏树根系生长，进而保证树体正常扩展、花芽分化充实、产量高而稳定、果实品质优良，是实现高产、优质、高效的一个重要措施。有机肥料养分全、肥效慢；化肥肥分浓、见效快。有机肥料和化肥配合，氮、磷、钾等配合，是合理施肥的重要原则。

（一）营养元素的作用及缺素症

1. 主要营养元素的作用及缺素症

（1）氮（N） 氮参与蛋白质的合成，是杏树生长、结果不可缺少的营养成分。充足的氮营养，可保证杏树良好的营养生长，枝叶繁茂，叶厚浓绿，光合效率高。当杏树缺氮时，就会表现生长势弱，叶片小而薄，叶色淡，呈淡绿色或黄色。当叶片中氮素含量低于1.73%时，除会出现上述症状外，完全花比例、坐果率和产量也会降低。在一定的范围内，随着氮成分的增加，花芽量、坐果率和产量也相应增加。当叶片中的氮含量由2.4%提高到2.8%时，产量可翻一番。当叶片中氮含量在3.3%～3.5%时，对杏树的生长和发育最理想，在氮含量较低的地区，增施氮肥的效果非常明显。

含氮量超过一定值时，就会给杏树的生长发育带来有害影响。据研究，当土壤中碱性水解氮含量每千克土壤超过100～200毫克时，或叶片中氮素含量超过3.5%时，则会引起氮中毒现象，叶片颜色变深，具体表现为叶片由正常的绿色变为暗绿色到蓝绿色。到生长后期，叶片边缘发黄，并逐渐扩展到叶片内部，出现不规则的坏死斑，病斑最后遍及整个叶片，两边叶缘稍

向上翘起。除新梢顶端的一小部分叶片外，大部分叶片在短时间内脱落。

（2）磷（P） 磷参与核酸和蛋白质的合成，并在一系列代谢活动中起重要作用，是保证杏树生长和结果不可缺少的主要元素。在杏的叶片、果实和种仁中，磷的含量较高，其中种仁含量最高。供给充足的磷有利于杏树生成新根，从而促进根系的吸收作用。

杏树缺磷时，树体生长缓慢、枝条纤细、叶片变小、叶色变为深灰绿色，很快基部叶片出现花斑叶，继而脱落。缺磷的杏树花芽分化不良、坐果率低、产量下降、果个变小，不能达到正常的鲜亮度。当叶片中五氧化二磷（P_2O_5）的含量由0.2%增加到0.4%时，杏的产量随着其含量的增加而增加。五氧化二磷含量为0.39%～0.40%时，产量最高。

磷对氮素有明显的增效作用，此外，磷还可以缓解氮肥过量引起的毒害作用。因此，在施氮肥时，配合适量的磷肥，不但对杏树的生长发育和花芽分化有良好的效果，还可以明显提高其抗旱、抗寒性。

在我国北方，土壤中磷的含量低，而且又容易被固定，因此增施磷肥是非常必要的。

（3）钾（K） 钾虽然不是植物体的组成成分，但参与植物体的主要代谢活动。钾参与叶片的光合作用、糖的代谢和积累等；促进水分的吸收，维持细胞的膨压；也有提高植物体抗逆的能力。因此，钾与氮、磷一样，都是杏树正常生长和结果不可缺少的主要营养元素。

杏树钾缺乏时，叶片小而薄，色浅呈黄绿色，叶缘向上卷，从叶尖开始焦枯，新叶比老叶更重。严重缺钾时，全树呈焦灼状，进而使树体枯死。一般情况下，当叶片中钾的含量低于1.2%时，就会出现缺钾症状。在此时追施钾肥，可使叶片中的含钾量增加，树体仍可恢复正常。

当叶片中钾的含量保持在3.4%～3.9%的范围内时，可获得较高的产量。钾可促进花芽形成，其与磷共同存在时，对花芽形成的效果更好。钾（K_2O）的施用量常与氮（N）相一致或相近。

氮、磷、钾三大主要元素的配合使用，可明显改善杏树的营养水平，磷、钾对于花芽形成和坐果有促进作用，而且会随氮素的适当增加而提高至更高的水平。单施氮肥过多会发生肥害，但在氮、磷、钾配合施用的情况下，同样多的氮肥（每亩20千克），不仅不会发生毒害作用，反而会使产量提高1～2倍。

在一定的范围内，杏树叶片中氮、磷、钾的含量随着土壤中的氮、磷、钾含量的增加而提高。依据对叶片分析所得的数据，可以推测出土壤中相应氮、磷、钾含量的多少，并以此为依据来指导杏树的合理施肥。

值得注意的是，叶片中的氮、磷、钾含量，会因品种、树龄和季节的不同而有变化。据报道，杏树叶片中氮的含量以仲夏最高，随着营养生长结束而下降，到落叶前达到最低。幼树叶片中的氮素含量比成龄树高。

叶片中磷的含量也随着品种和时期的不同而变化。夏季含量较高，而在秋季到来之前有所下降。幼树磷的含量明显高于结果期树，幼树到秋季下降的程度也比较小。

杏叶片中钾含量的变化比氮和磷大，但也是随着树龄、产量和土壤情况而变化的。幼树叶片中的含钾量高于成龄树，而且在一年中的变化也比较小。钾的含量明显随着产量的增加而降低。在没有产量前，叶片中钾的含量较高，连年结果的树，叶片含钾量最低，因此，应及时施入足量的钾肥，以确保实现连续高产。

2. 其他营养元素的作用及缺素症

（1）钙（Ca） 钙是细胞壁和细胞层间的组成成分，可调节树体内部的生理平衡，保持细胞壁的坚固性，增强植物体的抗病虫能力；还可促进土壤中硝态氮转化为可吸收态的氮，使土壤中不溶性的磷、钾变成可溶性的有效状态；钙还能中和植物体内的有机酸，调节酸碱度。

钙可促进糖的形成，对固定二氧化碳及芳香物质的形成都起着直接和间接的作用；有利于提高碳水化合物和土壤中铵态氮的含量，促进根系发育。

缺钙时根系的生长受阻，不长根毛，酶的活性受到抑制。缺钙先是幼叶受害，叶缘间及叶脉退绿，并出现坏死斑点，新梢枯顶，根部腐烂，果实不耐贮藏。钙在植株内流动性差，不能再次利用，酸性土壤容易引起缺钙，可通过增施有机肥、过磷酸钙加以补足。

（2）硼（B） 花和幼果硼含量较高。硼能促进花粉粒的萌发，有利于授粉受精和果实的生长，防止落花落果现象的发生；硼能提高果实中维生素和糖的含量，提高果实品质；硼还能提高光合作用强度，促进光合产物的运转，增加叶绿素含量，使韧皮部和木质部发达，加速新梢的成熟。

缺硼先表现在幼叶上，叶片变小、黄化，叶厚而硬脆，向外卷曲。严重缺硼时新梢节间变短，叶柄变粗，最后干枯，瘠薄地或酸性土易缺硼。花期缺硼易引起落花落果。结有果实的树，缺硼时果实个小，果肉和果面出现黄化斑、木栓，甚至干斑。发现缺硼时，可喷布0.3%的硼砂或硼酸液进行补硼。

（3）铁（Fe） 铁在植株中含量很少。铁虽不是叶绿素的组成成分，但铁在叶绿素的含氮物质被氧化时起催化作用。铁还是多种氧化酶的组成成分，参与细胞内的氧化还原过程。铁在有氧呼吸和能量释放中起重要作用。

夏季易发生缺铁，缺铁时酶的活性下降，功能紊乱，氮的代谢受到破坏，氮大量积累在植物体内，造成木质部损伤。叶片失绿是缺铁突出的外观特征，又称黄化病、黄叶病。在很多种果树上都存在缺铁性黄叶病，严重时变焦枯死。在碱性（石灰性）土

壤中常见缺铁性黄叶病。在含锌、锰多的酸性土壤中，铁变成沉积物，不能被吸收。

（4）镁（Mg） 镁是叶绿素和某些酶的重要组成部分，参与光合作用，促进植株体内磷的转化，并能促进维生素A和维生素C的形成，有利于花青素和果胶物质的生成，能消除钙素过剩的有害作用。

镁缺乏常发生在生长季节的后期。缺镁时老叶的叶脉间呈黄色斑点，逐渐发展连成块状，严重时整个叶片变黄，然后叶脉、叶缘、叶尖坏死，引起早期落叶。缺镁症和缺钾症很相似。

酸性土壤中易缺镁，在多雨地区，可溶性镁易被淋失，沙性土壤更严重，使植株呈现缺镁症状；磷、钾肥过量也可引起树体缺镁。缺镁可通过叶面喷施1 000倍的硫酸镁溶液补充。

（5）锌（Zn） 锌是植物多种酶的组成成分，参与氧化还原过程，锌与叶绿素和生长素的形成有关，直接影响植株的呼吸作用，同时可增强对某些真菌病害的抵抗能力。

缺锌最突出的症状是叶片变窄、变小，节间变短，叶密集呈莲座状或轮生状，故又称小叶病。常出现在新梢老叶片上，呈斑纹或黄化状，新梢由基部向上逐渐落叶，果实变小而畸形。在黏重土壤或酸性土壤的果园中易发生缺锌，土壤中钙离子多，会使锌变成沉积状态。多施有机肥，少施钙肥，追施含锌的复合肥，花前喷施0.1%的硫酸锌溶液均可以补锌。

（6）锰（Mn） 锰是植物叶绿体的组成物质，在叶绿素的合成过程中起催化作用，并直接参与光合作用。树体缺锰时，叶绿素的合成及光合作用受阻，从而使成熟叶片，主要是新梢基部和中部叶片从叶缘到叶脉开始失绿，阻碍新梢生长。

（7）铜（Cu） 铜是一些酶的组成成分，能提高光合效率。树体缺铜时，阻碍光合作用的正常进行，顶梢叶片枯死，当年抽生的新梢从生长点附近枯死，翌年又于枯死部分长出一个或多个新梢，然后又枯死，周而复始，严重时，枝条生长受阻，叶片弱小，不能正常结果。

（二）肥料的种类及性质

1. *有机肥料* 有机肥料是指含有大量生物物质、动植物残体、排泄物、生物废物等物质的肥料，又叫农家肥料。有机肥料营养全面，肥效长，施用有机肥料可增加和更新土壤有机质，促进微生物繁殖，改善土壤的理化性质和生物活性。有机肥料直接来源于动、植物，一般不含化学合成的物质，是生产有机食品及无公害农产品的唯一肥料和主要肥料。

有机肥料包括堆肥、沤肥、厩肥、沼气肥、绿肥、作物秸秆肥、泥炭肥、饼肥、腐殖酸类肥和由人、畜废弃物加工而成的肥料等。常用有机肥的主要养分含量、性质及施用要点见附表1。

2. *腐殖酸类肥料* 腐殖酸广泛分布在土壤、水域沉积物、泥炭和煤矿等碳质矿藏中，形成过程千差万别，组成和结构也各不相同。按自然界分类，它可以分为三类，即土壤腐殖酸、水体腐殖酸和煤炭腐殖酸。其分子量约为102～104，含碳（45%～70%）、氢（2%～6%）、氧（30%～50%）和氮（1%～6%），有时也含硫。

腐殖酸类肥料是以富含腐殖酸的自然资源（泥炭、褐煤、风化煤等）为原料，经过氨化、硝化等化学处理，或添加氮、磷、钾及微量元素制成的有机和无机的复混肥料，具有改良土壤理化性状、提高化肥利用率、刺激作物生长发育、增强果树抗逆性能、改善果品品质等多种功能。

通常腐殖酸多呈黑色或棕色胶体状态，其颜色和比重随煤化程度的加深而增加。

目前主要产品类型有：腐殖酸类（腐殖酸铵、腐殖酸硼、腐殖酸镁、腐殖酸硼镁、腐殖酸钙、腐殖酸磷肥、腐殖酸复合肥、腐殖酸液肥等）、硝基腐殖酸类（硝基腐殖酸、硝基腐殖酸镁、

硝基腐殖酸钙、硝基腐殖酸铵）及提纯腐殖酸类。前两者多与氮、磷、钾及微量元素制成单元或多元腐殖酸复混肥，提纯腐殖酸主要制成易溶于水的钾、钠、铵盐，可用其浇灌或喷洒果树，起到生长调节剂的作用。腐殖酸或硝基腐殖酸复混肥，主要用作基肥。提纯腐殖酸钾、钠、铵盐，可以制成水溶液，可用以果树灌根。溶解状态的腐殖酸盐类，可用其进行叶面喷肥。

3. *微生物肥料* 微生物肥料是以微生物的生命活动使果树得到特定肥料效应的一种制品（液体或固体），是果树生产中使用肥料的一种。微生物肥料的作用是综合性的，既能增加肥力，又可协助果树吸收营养，还能增加其抗病虫害和抗旱能力，而且还具有减少化肥的使用量、提高果实品质的作用。微生物肥料只能不同程度减少化肥的使用量，而不能完全取代化肥。

从微生物的种类及其功能分为以下几种。

按其功能不同分为：微生物拌种剂（各类根瘤菌肥料）和复合微生物肥料（微生物和有机物复合；微生物和有机物质及无机元素复合。以营养为主，以抗病为主，以降解农药为主）。

按制品中特定的微生物种类差异分为：细菌肥料（根瘤菌肥、固氮、解磷、解钾肥）、放线菌肥（抗生肥料）、真菌类肥料（菌根真菌、霉菌肥料、酵母肥料）和光合细菌肥料。

按作用机理分为：根瘤菌肥料、固氮菌肥料、解磷肥料、硅酸盐类肥料、芽孢杆菌制剂、分解作物秸秆制剂和微生物植物生长调节剂类。

当微生物肥料进入土壤后，土壤环境（养分、水分、温度、氧气、pH 等）适宜于肥料中的有益微生物生活，能源物质和营养供应充足时，肥料中所含的有益微生物便大量繁殖和旺盛代谢，效果非常显著。因此，合理的农业技术设施可以改善土壤环境，提高微生物肥料的有效性。施肥前要弄清微生物与果树品种、土壤肥力和土壤类型之间的关系，达到合理施用肥料的目的。

4. 化学肥料　化肥是速效肥料，绝大多数易溶于水，分解快，易被植物吸收和土壤吸附。化肥宜作追肥。

化肥的酸碱性不同。碱性土壤应施用生理酸性化肥。在两种以上肥料混合施用时，要特别注意其化学反应，以免降低甚至失去肥效。

一种化肥的营养元素比较单纯，一般一种肥料能被植物吸收利用的有效成分只有1～2种，生产中应根据果树的需要和土壤条件，将各种肥料混合搭配施用。

化肥施入土壤中，经分解供给植物营养元素，同时与土壤溶液中的物质或置换或化合分解，生成新的物质和离子。新物质一般能被植物吸收利用，但在某种条件下，则会失去肥效或产生副作用。如过磷酸钙遇湿，发生化学变化会使水溶性磷变成不溶性磷，施入土壤后，解离出来的磷酸易与土壤中的铁、铝、钙、镁等化合，生成溶解度低、有效性差的磷酸盐。

化肥使用要少量多次，以免造成流失浪费；化肥要与有机肥混合，以减少与土壤接触；施用后应及时灌水；贮存保管要特别注意防潮防湿。

无公害果品限量使用化肥的有效成分含量及性质见附表2和附表3。

（三）生产无公害杏的施肥原则

无公害杏的施肥原则应按照“NY/T 496—2002 肥料合理使用准则（通则）”的规定执行。根据杏树的需肥规律进行平衡施肥或配方施肥，坚持有机肥料与无机肥料相结合；坚持大量元素与中量元素、微量元素相结合；坚持基肥与追肥相结合；坚持施肥与其他措施相结合，以达到高产、优质、高效、防止环境污染和改土培肥的目的。使用的商品肥料应在农业行政主管部门登记使用的范围内，或者是免于登记的肥料。

1. 允许、限制和禁止使用的肥料

（1）允许使用的肥料种类　有机肥料（经发酵腐熟、达到无公害指标、重金属含量在规定范围内）、腐殖酸类肥料、微生物肥料、有机复合肥、无机（矿质）肥料（矿物钾肥、硫酸钾等）、叶面肥料（如微量元素肥料、植物生长辅助物质肥料）和其他有机肥料。

（2）限制使用的肥料　限制使用氮肥（禁止使用硝态氮肥）和含氯肥料。杏树施用含氯肥料还会引起焦边病。

（3）禁止使用的肥料　禁止使用工业废弃物、城市垃圾和污泥。不使用未经发酵腐熟、未达到无害化指标、重金属含量超标的人、畜粪尿等有机肥料。

2. 无公害食品的肥料使用准则

（1）尽量选用“NY/T 496—2002”规定允许使用的肥料种类。

（2）化肥必须与有机肥配合施用　有机氮与无机氮的适宜比例为1∶1，大约1 000千克厩肥配合尿素20千克。厩肥用作基肥，尿素可用作基肥和追肥，但最后一次追肥必须在采收前30天以前进行。

（3）化肥可与有机肥、微生物肥配合施用　适宜比例为厩肥1 000千克，尿素10千克或磷酸二铵20千克，微生物肥料60千克。厩肥用作基肥，尿素、磷酸二铵和微生物肥料用作基肥和追肥。果树可按上述比例，适当加大用量，但最后一次追肥必须在采收前30天以前进行。

（4）生活垃圾的使用　城市生活垃圾必须经过无害化处理，质量达到国家标准后才能使用。但要限制用量，每年每亩黏性土壤不超过3 000千克，砂性土壤不超过2 000千克。

（5）秸秆还田　有堆肥还田（堆肥、沤肥、沼气肥）和直接还田等形式。秸秆还田允许用少量氮素化肥以调节碳氮比。

（6）绿肥的施用　绿肥要翻入土中，覆盖、混合堆沤。栽培

绿肥植物在盛花期翻压，翻深15厘米左右，盖土要严，翻后耙匀，压青后15～20天才能播种和移苗。

（7）其他肥料　腐熟达到无害化要求的沼气肥水及腐熟的人粪尿可作追肥。腐熟的饼肥可适当多用，以提高水果品质。叶面肥料可喷施一次或多次，最后一次必须在采收前20天喷施。微生物肥料可作基肥或追肥使用。农家肥料必须经高温发酵，以杀灭各种寄生虫卵、病原菌及杂草种子，达到无害化卫生标准。外来农家肥应确认符合要求后才能使用。商品肥料及新型肥料必须通过国家有关部门登记认证及生产许可。

因施肥造成土壤和水源污染，或影响农作物生长，导致农产品达不到卫生标准时，要停止使用这些肥料，并向省（自治区）、市无公害食品管理部门报告，其生产的食品也不能继续使用无公害食品标志。

（四）杏树生长发育的需肥特点

杏树在一年中不间断地吸收肥料，但在杏树的年周期中，随着物候期的进展，养分的分配中心又随杏树生长中心的转移而转移，因而在一年中出现了几次需肥高峰，这几次需肥高峰对杏树的生长发育都有不同作用，因此施肥应以营养需要高峰为转移，将肥用到关键时刻，以发挥最大肥效。

杏树需肥高峰与其物候期相一致，但不同的物候期对氮、磷、钾三要素的吸收有明显的变化。在新梢生长期需氮量最高，在生长的前期（开花、花芽形成及根系生长第一、第二高峰期）是需磷的高峰期，需钾高峰则在果实成熟期。由于杏树从萌芽到果实采收的时间短，枝条停止生长早，因而前期对养分的要求较多，尤其应满足钾肥的供应。

（五）施肥技术

根据杏树生长发育对养分的需求特点，施足基肥，及时、适量追施速效肥料，可以促进树体健壮生长，增加完全花比例，提高坐果率，增进果实的外观品质和内在品质，延长杏树的经济寿命，实现高产、高效。

根据肥料的性能和施肥时期，施肥可分基肥和追肥（土壤追肥和叶面喷肥）。

1. 基肥　基肥是果树年生长周期中的主要和基础肥料，含有丰富的有机质，供给杏树整个生长期所需的大量元素和微量元素，为补充树体消耗、恢复树势、开花结果奠定了良好的基础。

基肥多以含有机质丰富的厩肥、堆肥、作物秸秆、绿肥、人粪尿等迟效性肥料为主。施入时最好混入部分速效氮素化肥，以加快肥效。磷肥（过磷酸钙、骨粉）宜在厩肥、人粪尿等有机肥堆积腐熟过程中混入，以增加其肥效。

（1）施肥适期　基肥应在杏果采收后尽早施入，最晚不迟于9月份，可结合翻耕施入。早施基肥，有利于微生物的活动，促进有机肥料的分解。早施基肥，根系正处于生长高峰，有利于伤根的愈合，有充足的时间保证根系吸收营养。可提高树体营养水平，提高花芽质量，为第二年萌芽、开花和坐果打好物质基础。

春季施基肥，肥效发挥较慢，不能满足春季杏树生长发育期的需要，影响花芽分化和果实发育，而且还会导致果树秋季旺长。落叶后到封冻前施基肥，伤根不宜愈合，肥料分解难，效果也不理想。

（2）施肥量　基肥的施入量应占杏树全年施肥量的70%以上。具体数量应根据树龄、树势、栽植密度、结果量、土壤状况和有机肥的质量及特性等而定，瘠薄地、山地和沙地宜多施。成龄树也宜多施。

施肥量以腐熟的农家肥为例，幼树和初结果树一般每亩施基肥2 000～4 000千克，盛果期树的施肥量应按结果量大小而定，一般每亩施基肥5 000千克，混入适量化肥（氮肥和磷肥）。

（3）施肥方法　正确的施肥方法有利于肥料的充分利用和根

系向更深、更广伸长。根据杏树根系自然分布深而广的特性，适宜的施肥深度一般为50～60厘米，施肥范围既应避开大粗根区域，又要大于杏树冠垂直投影的外缘，目的是在满足杏树营养供应的同时，向更深更广处引导根系，以提高树体抗旱和耐瘠薄的能力。基肥采用沟施，可根据树龄和树体大小采用放射状沟施肥、环状沟施肥、条状沟施肥和隔行条状沟施肥多种形式。

环状沟施肥：以树冠投影外缘为起点围绕树干挖环状沟，一般与深翻扩穴相结合。并随着树冠的增大，逐年向外扩展。此法具有操作简单、用肥经济等优点。但挖沟易切断多条水平根，且施肥范围较小，因而一般多用于幼树。

放射状沟施肥：以树干为中心，根据树体大小从距树干50～100厘米处开始由里向外挖6～8条放射状沟，沟宽40～50厘米，沟的深度应里浅外深，以不伤及大根为度，沟的长度应超过树冠的垂直投影30～50厘米。每年要变换放射沟的位置。放射状沟施肥比环状沟伤根少。

条状沟施肥：从树冠投影的外缘开始在行间或株间挖条状沟，每年变换位置。此方法简单、用工少、施肥经济，但施肥范围小，适用于密度大或树龄长的杏园。

2. 追肥　追肥又叫补肥。基肥肥效发挥平稳而缓慢，杏树需肥急迫时，必须及时补充肥料，才能满足树体发育的需要。追肥不但是当年壮树、高产、优质的肥料，又能给第二年生长结果奠定基础，是杏树生产中不可缺少的施肥环节。

（1）施肥适期、种类和数量　追肥的次数和时期应根据气候、土质、树龄等而定。一般高温多雨或砂质土肥料易流失，追肥宜少量多次；反之，追肥次数可适当减少。幼树追肥次数宜少，随树龄增长，结果量增多，长势减缓，追肥次数也要增多，以调节生长和结果的矛盾。

追肥施用时期要根据杏树生长发育规律和物候期，在需要营养的关键时期进行，可分为：

花前肥：在春季土壤解冻后，及时施入以速效性氮肥为主的肥料，补充树体贮藏营养的不足，保证开花整齐一致，授粉受精良好，提高坐果率，促进根系生长和增加新梢的前期生长量。

花后肥：于落花后施入，以速效性氮肥为主，配合少量的磷、钾肥，补充幼果生长对营养物质的消耗，提高坐果和促进新梢生长。此时幼果迅速膨大与枝叶旺盛生长对氮素的需要量很大，如果供应不足，就会引起严重落果，使枝叶生长受阻。

花芽分化肥：也叫硬核期追肥。在花芽分化前，或者硬核期开始施入，以速效性氮肥为主，配合适量磷、钾肥。其作用是补充幼果及新梢生长对养分的消耗，促进花芽分化和果实膨大，特别是对早熟品种的果实膨大及胚、核的发育有良好的作用。如果此时营养不足，核、胚发育不良，会影响以后果实的长大和花芽分化。

催果肥：果实采收前15～20天施入，主要施用速效性钾肥。目的在于促进果实的第二次迅速膨大，提高产量和果实品质。

采后肥：果实采收后施入，以速效性磷、钾肥为主，并配合少量氮肥。此期追肥的目的是补偿由于大量结果而引起营养物质的亏空，恢复树势，增加树体内养分积累，促进后期花芽分化，充实枝条，提高越冬抗寒能力，为下一年丰产打好基础。

（2）施肥方法　追肥最好采用穴施。在树冠投影范围内，距树干50～100厘米，每隔50厘米挖一个小穴，撒入速效肥料后埋土，施肥后立即浇水。也可将肥料放入水中溶解，结合浇水施肥。

3. 根外追肥　根外追肥是将营养元素配成一定浓度的溶液，喷到叶片、嫩枝及果实上，直接被吸收。根外追肥又叫叶面喷肥。根外追肥一般与病虫害防治相结合，但需注意适量配合；在施用新型肥料时应先做试验，确认安全后再使用，以免发生肥害或药害。叶面喷肥不能代替土壤施肥，只能作为土壤施肥的一种补充方式。根外追肥的浓度应根据植物组织的成熟度而定，生长前期枝叶幼嫩，可以用较低浓度；后期枝叶老熟，浓度可适当加大。一般常用肥料种类和浓度见表 7-3。

表 7-3 叶面喷肥的常用肥料和浓度

有效元素	肥料种类	常用浓度（%）	肥料种类	常用浓度（%）
氮（N）	尿素	0.3～0.5	硫酸铵	0.2～0.3
磷（P）	过磷酸钙浸出液	0.5	磷酸铵	0.3～0.5
钾（K）	磷酸二氢钾	0.2～0.4	草木灰浸出液	0.3～0.4
硼（B）	硼酸	0.1～0.3	硼砂（硼酸钠）	0.1～0.3
铁（Fe）	硫酸亚铁	0.2～0.3		
镁（Mg）	硫酸镁	1.0	氯化镁	1.0～2.0
锌（Zn）	硫酸锌	0.3～0.5		
锰（Mn）	硫酸锰	0.1		
铜（Cu）	硫酸铜	0.05		

叶面喷肥效果常受风、气温和湿度的影响。在适宜范围内，温度越高，叶片吸收越快；湿度越大，吸收越多；风速越小，肥液停留在叶片上的时间越长，吸收越多而且损失也小。因此，喷肥要选择无风的阴天或温度适宜（18～25℃）、湿度较大、蒸发量较小的晴天早晨（10 时以前）或傍晚（4 时以后）进行。

叶面喷肥要有足够的喷洒量，适宜的喷洒量是肥液在叶片上呈欲滴未滴的状态。浓度不可过高，以不发生肥害为原则。喷洒次数不要过少，须连续喷 2～3 次。侧重喷洒叶背面，以利于肥液的渗透和吸收。

4. *施肥量的确定*

（1）测土配方施肥法 测土配方施肥就是国际上通称的平衡施肥，是联合国在全世界推行的先进农业技术。是通过取土样测定土壤养分含量；经过对土壤的养分诊断，分析作物需肥规律，按照其需要的营养“开出药方、按方配药”；然后在农业科技人员指导下，根据土壤供肥和肥料释放相关条件变化特点，科学施用配方肥。

配方施肥要求有机肥和化肥配合施用，氮、磷、钾配合施用，大量元素、中量元素和微量元素配合施用。杏树配方施肥，可大大减少施肥的盲目性，提高肥料的利用率，维持土壤肥力水平，减少养分流失和对环境的污染，是实现杏树优质高产稳产和保护生态安全的重要措施。

配方施肥的计算公式为：

$$\text{肥料需要量（有效成分）}=\frac{\text{目标产量养分吸收量}-\text{土壤供肥量}}{\text{肥料当年利用率}}$$

目标产量是根据品种、树龄、树势及土壤供肥情况、肥料种类和栽培管理等综合因素而确定的当年合理的计划产量，是当年进行杏树栽培管理工作的基本依据。

目标产量养分吸收量＝单位产量养分吸收量×目标产量

据研究，一般大杏扁每生产 50 千克杏仁，需氮（N）10 千克、五氧化二磷（P_2O_5）5.5 千克、氧化钾（K_2O）7.5 千克。

土壤供肥量（天然供给量）：是土壤能提供的、可供杏树吸收的营养元素量。土壤中有丰富的矿质元素，但它们多以不可供给状态存在，根系不能吸收利用。因此，若长期不施肥，果树会出现生长发育不良的现象。

土壤供肥量＝土壤测定值×校正系数

肥料利用率：施入的肥料，有的被土壤固定，有的分解挥发，有的被雨水冲洗而流失，只有一部分被果树吸收利用。被树体吸收的部分占施入量的百分率称为肥料的利用率。肥料的利用率受土壤条件、肥料性质、施肥方法、施肥时期等因素的影响。据试验推算各种肥料的利用率大概为：氮约为 40%～50%，磷为 20%～30%，钾为 40%～45%，绿肥为 30%，圈肥、堆肥约为 20%～30%。

现假设每亩盛果期树生产大杏扁杏仁 110 千克，9 月份每亩施农家肥 5 000 千克，翌年春季测得杏的根系分布层（5～50 厘米）中土壤的养分平均含量为：速效氮（N）0.006 90%、有效磷（P_2O_5）0.011 125%、速效钾（K_2O）0.007 50%，每立方米土重1 600千克，那么，氮、磷、钾三要素施用量的具体计算过程如下：

①果树每亩年养分吸收量＝每生产 50 千克杏仁从土壤中吸收的元素量÷50×产量

氮（N）＝10 千克÷50×110＝22 千克

磷（P_2O_5）＝5.5 千克÷50×110＝12.1 千克

钾（K_2O）＝7.5÷50×110＝16.5 千克

②土壤的供肥量。假设当年果树可利用根系分布层土壤养分的 20%，根系水平分布占果园面积的 2/3，当年每亩果树从土壤和基肥中吸收的氮、磷、钾为：

土壤供肥量＝土壤容重×土壤养分含量×土壤养分利用率×根系分布深度×面积（667 $米^2$）×根系水平分布所占土壤的比例

氮（N）＝1 600×0.006 90%×20%×0.45×667×2/3
＝4.418 2 千克

磷（P_2O_5）＝1 600×0.011 125%×20%×0.45×667×2/3
＝7.123 6 千克

钾（K_2O）＝1 600×0.007 5%×20%×0.45×667×2/3
＝4.802 4 千克

③ 全年需补充速效性肥料，肥料利用率氮肥按 40%、磷肥按 20%、钾肥按 40%计算。

施肥量＝（果树吸收元素总量－土壤供肥量）÷肥料当年利用率

氮（N）＝（22－4.418 9）÷40%＝43.954 5 千克

磷（P_2O_5）＝（12.1－7.123 6）÷20%＝12.441 0 千克

钾（K_2O）＝（16.5－4.802 4）÷40%＝29.244 0 千克

如果用尿素（含氮量 46%）补充氮，用过磷酸钙（含五氧化二磷 20%）补充磷，用硫酸钾（含氧化钾 48%）补充钾。则每亩年需追施尿素 95.55 千克、过磷酸钙 62.21 千克、硫酸钾

60.93 千克。

（2）经验施肥法　由于杏树是多年生作物，施肥试验需要较长的时间，目前，此方面的工作还不很完善，因此，在大多数地区，仍然根据以往的施肥经验确定施肥量。

确定施肥量时要根据当年的产量和树龄大小而定。一般幼树少施，大树多施。施肥量还要因树势、栽植密度、结果量、土壤状况、地势、气候干旱程度及农业技术等方面而定。土壤质地好，施肥量可适当减少；反之，应酌情增加。施肥量的确定，应参考优质、丰产杏园的施肥量，结合营养诊断和当地果树生长的实际情况，进行综合分析后决定，而且要不断进行调整，使理论施肥量更加符合果树的实际需肥量。据辽宁省果树研究所土肥研究室测定，鲜食杏的最佳氮、磷、钾比例为 2∶1∶3，仁用杏的最佳氮、磷、钾比例为 2∶1∶2。几个丰产杏园的施肥量见表 7-4。

表 7-4　几个丰产杏园的施肥量

地点或单位	基肥种类和数量	追肥种类和数量
甘肃庄浪县仁用杏园（1.5～2 米×4 米）	株施有机肥 25～50 千克，过磷酸钙 0.5～1.0 千克，草木灰 2.0～5.0 千克	株施尿素 0.6～1.0 千克，过磷酸钙 0.5 千克，草木灰 2 千克
河南沙区杏园（2 米×3 米）	株施土杂肥 100 千克，加入磷、钾肥 1 千克	株施多元复合肥 0.3～0.4 千克，钾肥 0.2 千克。喷施 0.3%尿素和 0.3%磷酸二氢钾混合液 1 次
辽宁 4～5 年生密植园，土壤肥力较差	株施农家肥（猪圈粪）100 千克	果树专用肥（氮、磷、钾混合配方肥），每株追肥 0.5～1 千克

三、科学灌水

土壤中一切营养成分的转化与吸收、树体内物质的合成和运输等均离不开水的参与，水又是植物各器官如枝、叶、花、果、根的重要组成成分。杏虽耐旱，但适期、适量灌水，仍是保证杏树体生长健壮、高产、稳产和延长其经济寿命的重要物质条件。

（一）杏树的需水特点

果树在年周期中需水量较多，但在各个物候期，果树对水分的要求不同。根据果树需水特点，正确、合理地进行果园供水，不仅可以节约供水量，而且又是保证果树优质、高产的重要措施之一。

果树在春季萌芽前，树体需要一定的水分才能发芽，此期水分不足，常延迟萌芽期或萌芽不整齐，影响新梢生长。花期干旱或水分过多，常引起落花落果，降低坐果率。新梢生长期温度急剧上升，枝叶生长迅速旺盛，需水量最多，对缺水反应最敏感，因此称此期为需水临界期。如果此期缺水，对整个树体生长影响最大。果树春梢过短、秋梢过长是由于前期缺水，后期水多造成的。

（二）灌水时期

杏树的灌水时期、次数和数量应根据其在年生长周期中的各物候期对水分的需要量、当时气候条件和土壤水分状况来确定。其关键时期如下：

1. 萌动期　萌动期灌水最迟不能晚于花前10～12天。这次灌水可补充因长期冬季干旱造成的树体水分缺乏，可保证开花、坐果和新梢生长对水分的需要，同时也可推迟花期2～3天，有减轻晚霜危害的作用。此次浇水量要大些，应使土壤含水量达到70%，相当于每亩30吨水。

2. 果实膨大期　此期是杏树需水的关键时期，此时也是北方干旱区缺少雨水的季节。这时浇水，可以减少落果，保证幼果的迅速膨大，并促进新梢生长。

3. 硬核期　这一时期是种仁发育的关键时期，为杏树需水的临界期。灌水可保证杏仁的饱满，对花芽分化的数量和质量有密切关系。缺水影响果实发育，会引起杏树大量落果，并影响第二年产量。

4. 封冻水　在土壤封冻以前灌一次透水，对于保障根系的良好发育和早春营养的运输，为第二年实现丰收打好基础有着重要的作用，灌封冻水还可以显著地提高花芽和树体的抗寒性。

每次灌水都要结合施肥进行，以肥料施入后立即灌水最好，最晚也应在施肥后 2～3 天内完成灌水，这样有利于肥料在土壤中溶解、释放、转化和移动，有利于杏树根系对肥料的吸收。

（三）灌水方法

我国是一个水资源缺乏的国家，尤其是三北杏栽培区更是水资源极度匮乏，地下水严重超采，水位逐年下降，形成了若干大的地下漏斗。尽管如此，在有灌溉条件的杏园，仍然沿用着传统的树盘灌水、沟灌、畦灌，甚至大水漫灌等方法。地面灌水，简单易行，但耗水量大、利用率低、土壤易板结，盐碱地容易返碱。随着社会进步，灌水方法也不断得到改进，更是向着机械化方向发展。现介绍几种节水灌溉方法：

1. 喷灌　喷灌是把水喷到空中，使其形成细小的水珠，再落到果树和地面上的一种灌溉方式。目前喷灌在果树生产上应用已愈来愈多。喷灌又分为高喷、低喷和微喷等。在有电源、水源的条件下，可以实行微喷；其管道铺在地面上，可以移动，冬灌后可以收回入库，翌春照常安装使用。

这种方法在各种地形、地势上均能应用，不但省工、省时，又可兼喷农药、肥料和植物生长调节剂，同时还能调节果园小气候。缺点是喷灌投资大、喷头易堵塞，要求水质好并有过滤设备。在风沙大的地区或季节，高喷头喷灌易产生灌水不均匀的现象。

2. 滴灌　也叫滴水灌溉，是目前国家重点推广的节水灌溉技术之一。它将水加压后通过各级输水管送到果园内，再由滴头将水点滴到作物根区的土壤。其优点是省水、节能，节约劳力。滴灌的用水量仅为沟灌的 1/5～1/4，是喷灌的 1/2 左右，滴灌对地温的影响很小，也不会破坏土壤的团粒结构，减少了其他灌溉方式传播某些病害的机会，并能把可溶性肥料和药物直接滴到根区土壤中，提高了肥效和药效，节省了劳力开支及油、电的消耗。其缺点是一次性投资较大，管道的滴头易堵塞。对水源缺乏的山地杏园较适用。可购买成套设备和技术。

3. 地下渗灌　地下渗灌是用埋在地下的多孔管道，向果树根部直接供水的方法。在地下深40厘米左右的地方铺设特制的低压塑料管或陶管，形成管网，由水泵加压后，水通过管道表面的众多小孔，首先浸湿周围的蛭石或珍珠岩等吸水材料组成的浸润带，再由浸润带逐渐渗到根部土壤中，供根系吸收利用。其优点是水分没有输水渠道的渗漏和蒸发，比地面灌水节约40%～70%，是投资少、省工、高效的节水技术。该方法适宜于沙地果园灌溉。

4. 管道灌溉　管道灌溉是采用抽水泵，使地下水通过主管道、干管道和支管道，输送到果树行间或树盘的灌溉技术。此法投资少、简便易行、工程小；还具有高效、低耗、省水（管道畦灌比漫灌省水20%）、省地、省井等优点，是一种深受生产者欢迎的灌溉方式，管道灌溉符合我国现阶段的国情，应用前景广阔。

5. 穴贮肥水　该技术在水源短缺的地方应大力推广。技术要点是：春季土壤解冻后在树冠下挖4～8个圆土穴，穴径约30厘米，深度30～40厘米，穴中央竖一捆紧实而且浸透水（或肥水）的草把，再用50克尿素、50～100克过磷酸钙、50～100克硫酸钾与土混匀，填入草把周围，踏实覆土1厘米，然后覆盖地膜，并捅一孔用作今后浇水、施肥的进口，平时孔口用土块盖好。

第八章 花果管理

一、花期霜冻的预防

花期霜冻是影响杏树产量的主要因子之一。有效地预防霜冻是夺取高产、稳产的重要措施。除合理地选择园址，选用抗寒和晚花品种，避开或减轻霜害之外，常用的防霜措施有：

1. *熏烟法* 在预报有霜冻的夜晚，在霜冻发生前点燃事先准备好的烟堆，利用烟雾阻止地面辐射和树体降温，烟雾放出的潜热使空气增温，防止霜冻的发生。烟堆多以秸秆、落叶和杂草堆成，外盖泥土使不能发生明火。亦可用硝铵 3 份、柴油 1 份、锯末 6 份配成烟雾剂，提高防霜的机动性。熏烟防霜的关键在于准确、及时地预报霜冻到来的时间和强度，在当地气象台（站）发出霜冻预报的当晚坚持在杏园值班，有条件的可在果园安装低温警报器，将温度传感器面向西北方向，当树的高点气温降到－1.5℃（花期）和 0℃（幼果期）时，在半小时内如继续降温即可点火放烟。熏烟防霜主要用于辐射型霜冻。

2. *点燃蜂窝煤防霜* 据山西省绛县科技局实验，在每株树下放置一个无铁皮的蜂窝煤炉胆，内装 3 块蜂窝煤，点燃后可使园内气温提高 4.5℃，维持 4～5 个小时，防霜效果明显。

3. *灌水或喷水法* 在有霜冻的前一天进行杏园灌水，或在霜冻来临前开动喷灌设备向空中喷水。喷水应坚持到日出以后。灌水或喷水法对于辐射霜冻和平流霜冻都有预防效果。

4. *施用防冻药剂防霜* 据河北农业大学研究，在杏树花芽萌动期喷施500倍国光“稀施美冻害必施”或河北农业大学的“2号防霜素”，或以20倍药液注射，或以50～100倍液涂干，10天后再第二次用药。仁用杏喷药的坐果率可提高3%～7%，注射比喷施的坐果率又高1%～4%。注射方法是在树干50～70厘米高处，用电钻打4个深达髓部的孔洞，然后使用达克特压力式树干注射器把药液注入。据漆信同等人研究：在落叶前和花芽膨大期各喷施1次400～600倍的“稀施美冻害必施”可提高坐果率4.3%～11.0%。

5. *推迟花期法* 晚秋落叶前喷布100～200毫克/升的乙烯利；杏树萌芽前喷布250毫克/升的奈乙酸钾盐水溶液，杏树萌芽前喷布250毫克/升的奈乙酸钾盐水溶液，花芽膨大期喷500～2 000毫克/升的青鲜素（MH），花芽膨大期浇透水，花芽露白时喷石灰浆（生石灰与水为1∶5）均有推迟花期、躲避晚霜的效果。利用夏剪促生二次枝，其上花芽也晚开3～4天。

6. *受冻后的减灾措施* 据张加延报告（第十一次李杏学术交流会资料，2008），春季杏花或幼果受霜冻后只要花或幼果不被冻得彻底发生深度褐变，则可及时喷施400～600倍国光“稀施美冻害必施”，或者喷施1 000～1 200倍国光“优丰”（三十烷醇），都能够迅速增加树体的内原激素，加速细胞分裂，促进愈伤组织的生成，恢复花蕾和幼果的生长，防止脱落，减轻灾害。

二、花果管理

花果管理的主要内容是针对落花落果的原因，采取必要的措施，提高坐果率；另一方面，对坐果过多的植株，要根据树势、土壤肥力等进行适当的疏除，以达到优质、高产和高效的目的。

（一）保花保果

1. *人工授粉* 杏花期常遇低温和大风，影响授粉昆虫的活动而引起落花落果；品种单一的果园也因缺乏授粉树而使坐果率降低。试验表明，花期进行人工辅助授粉，可以有效地克服由授粉不良引起的落花落果而显著地提高坐果率。

（1）花粉的准备

①鲜花的采集。选择与主栽品种授粉亲和力强且花期较早的品种，于开化前1～2天采摘大蕾期花朵或初开的花。采花不可过早或过晚，过早，花药发育不成熟，过晚，花在树上已经散粉。最好同时采几个品种的花朵混合，以提高授粉效果。采花一般结合疏花进行，可根据花朵密集程度和树势，确定留花量。

②脱花药。花朵采下后，带回室内脱花药。脱花药时，地上铺一张纸。量少时可用两手各持一朵花，相互对搓，花药可足数落下。在花朵量大时，可将其放在铁丝筛上，手心向下轻轻揉搓，使花药落下，然后去除花丝、萼片等杂质，此法虽然脱花药有可能不十分彻底，但省工、省时。在大型杏园，可用花粉机进行脱花药。

③花粉的晾干。将提纯的花药在温暖干燥的室内阴干，室内温度最好20～25℃。花药要均匀、薄薄地摊于表面光滑的纸上，不宜用表面粗糙的报纸等，以免其粘着花粉造成浪费。一般经一昼夜即可散出黄色花粉。

④花粉的保存。将干燥后的花粉收集在广口瓶中，置于冷凉处保存备用。如果以备第二年授粉用，为保证花粉的生命力，保存时要满足低温、干燥和黑暗三个条件。可将其装入黑色、密封的塑料袋中，于0～5℃条件下贮藏，一般可存放1～2年。

（2）授粉适期　杏的花柱接收花粉的最佳时期是在开花后的最初几个小时内。一般年份杏的花期为4～6天，如果花期温度较高，在一天内就可从初花期过渡到盛花期。因此，进行花期人工辅助授粉，要事前做好充分准备，包括花粉的准备、授粉工具、人力安排，以充分利用盛花前期的有效时间，提高授粉的坐果率。

（3）人工授粉方法　人工授粉可采用点授、抖授、液体喷粉

的方法。

①点授。在全株有25%左右的花朵开放时，花朵柱头新鲜，且其上有大量黏液，此时开始授粉，效果最佳，可每隔4小时对刚开放的花进行授粉，直到授粉花朵量达到产量要求为止。

将花粉与滑石粉或甘薯淀粉按1∶5的比例混合均匀，然后分装于小瓶中。操作时可用棉棒、铅笔橡皮或纸捻蘸取花粉向刚开放的完全花的柱头上涂抹，使柱头布满花粉，每蘸一次可点4～10朵花。点授虽节省花粉，但费工、费时，效率低，成本高，在人力资源充分的小型果园应用较多。

为了提高授粉效率和效果，授粉应选择在温暖的天气进行；选择适宜果枝和部位，按预定产量的150%～200%授粉。一般短果枝完全花多，坐果较好，成熟时果个较大，是授粉的重点。又因同一部位向上长的花易受霜害，故应选择两侧或向下的花。授粉时要认真仔细，以保证各部位的花朵都授上粉，增产效果明显。

②抖授。是用两层纱布包裹花粉（花粉∶滑石粉为1∶10～20），扎成小包，用手拿着小包或用竹竿挑着在花的上方抖动。也可用鸡毛掸子从供粉品种上蘸上花粉到该授粉的品种上滚抹或抖授。用鸡毛掸子滚授适宜在供粉品种部分花朵盛开且开始散粉时进行。

③液体喷粉。在劳力缺乏时，或在大型果园，可采用液体喷粉法。液体喷粉是将花粉和其他有利于花粉发芽的物质配成花粉液，用喷雾器向盛开的花朵上充分喷布。常用的配制比例为：花粉25克，白糖或砂糖25克，尿素25克，硼砂或硼酸25克，水12.5千克，最好在其中加入少许豆浆做展着剂。配置时，先用少量水溶解糖和尿素，然后加入适量水配成糖尿液。再将干燥花粉25克加入少许水中，搅拌均匀，用纱布过滤后，倒入已配好的糖尿液中，再按比例加足水。为了增加花粉活力，提高花粉发芽率，在喷布前加入硼酸25克。花粉液应随用随配，配后立即

喷布，不可贮放。大约在1小时之后，花粉会因吸水而涨坏。液体喷粉的适宜时间是在全株有60%的花朵开放时，要求全株均匀喷洒，不要漏喷。

2. 花期放蜂　花期放蜜蜂和壁蜂，能节药用工，降低成本，而且可显著提高杏的坐果率，提高产量和品质，可替代人工授粉。

壁蜂授粉已成为世界先进国家果品生产中达到优质、高产、高效的主要措施。目前，我国果树生产上采用的壁蜂主要有角额壁蜂和凹唇壁蜂。与蜜蜂相比它们有以下优点：

壁蜂耐低温能力强，在初春解除滞育后，贮存温度达到12℃时成蜂就自动出茧活动，凹唇壁蜂在气温达14℃以上时活动频繁；角额壁蜂在气温14～15℃时开始出巢活动。

在适宜的气候条件下，角额壁蜂和凹唇壁蜂的日访花量可达6 000余朵，是蜜蜂日访花量的8.5倍。壁蜂只访花，不采蜜，其与雄蕊、柱头能充分接触，工作效率高得多。壁蜂释放后的归巢率、繁殖系数高，投入产出比为1∶4～6。壁蜂授粉对象专一，授粉范围小（为60米左右），有利于给目标果树授粉，能使杏树花朵坐果率提高0.4～2.7倍。

利用壁蜂授粉，每公顷释放壁蜂600～800只足以使果树充分授粉。操作时，在杏树开花前7天的傍晚投放茧蜂。出蜂期间，每天早晨应检查茧盒，掌握出蜂情况。如气候干燥可将茧盒放在水里浸一下再放回原处。8～10天后，对未出蜂的茧进行人工破茧，强制出蜂。

蜂箱应放在背风向阳处，距杏园距离为40～50米，巢箱前空地要宽广。杏树开花前，在园内1.5米高处设置蜂棚，箱口朝东南，距地面40～50厘米。每箱放6～8捆巢管，管口朝外。巢管上放蜂茧盒，露出2～3厘米，盒内放蜂茧60～100只。盒上扎2～3个黄豆粒大小的孔，以便于出蜂。在蜂箱附近挖一深50厘米、直径30～40厘米的土坑，坑内每天浇水保湿，以利于壁蜂产卵后用湿土封巢管。放蜂期间不能移动蜂箱及巢管，禁止喷布任何药剂，同时要防止蚂蚁为害。

果园放蜜蜂是一种传统的做法，因蜜蜂出巢活动所需的气温高，工作效率低，因此，授粉效果远不及壁蜂。但由于杏花有充分的蜜源，为蜂农每年首放必选树种。放蜂时，应于初花期将蜂箱放在杏园附近或园内，每公顷需用蜜蜂 6 000 只左右，蜂箱之间的距离应在 150 米以内。

3. 喷施营养元素　在花期适时喷布具有促进坐果作用的营养元素，可提高树体内生长调节剂的水平，从而提高其坐果能力。据研究，硼能增加花粉活力，促进花粉管的生长及受精。磷、钾肥可促进蛋白质的合成，改善树体营养，减少生理落果。

生产上常用的营养元素的种类和浓度为：硼砂（硼酸）0.3%、尿素 0.3%、磷酸二氢钾 0.3%。

注意：不同品种对营养元素的反应不尽相同，在生产应用中应先进行试验，再大面积使用，以免造成损失。

4. 生长早期进行夏剪　一般年份，杏在盛花期叶芽开始萌动并展叶，落花后植株开始抽枝，此时摘心可以抑制养分大量流向新梢顶端，使养分积累在下部叶内，提高了叶片的光合功能，使果实得到的养分相应增加，从而减少了因营养不足而造成的生理落果，可明显提高坐果率。据阿衣夏木研究，于新梢抽生 6～7 片叶时摘心，摘心后的平均坐果率比对照坐果率可提高 6.03%。

5. 疏花和早期疏果　盛花后，如果天气适合授粉昆虫的活动，完全花的授粉受精率就高，如果及时疏除过多的盛开花或幼果，不仅可避免树体营养消耗，还有利于提高留下来果的坐果率。

（二）植物生长调节剂的应用

科学合理地使用植物生长调节剂，能够有效地控制杏树不同时期的生长，促进侧枝萌发，开张角度，促进花芽分化，提高坐

果率，促进果实膨大，提高品质和产量，增强树体抗逆性，增加经济效益。

1. *花期喷施生长调节剂* 在花期适时喷布具有促进坐果作用的生长调节剂，可激活树体内相关酶的活性，因此提高树体的坐果能力。在杏花露红时喷 PBO 300 倍液，能显著减轻冻害的影响，并提高子房的受精功能。赤霉素具有促进授粉受精和子房膨大的作用，在盛花期喷 90 毫克/升的赤霉素，可提高当年坐果率，并可增加果重；稀土可促进花粉萌发，喷布 1 200 倍的稀土元素，可提高坐果率。

2. *在新梢生长初期施用生长调节剂* 在新梢抽出 10～15 厘米时，喷 0.3%的阿拉比久（Alar）或矮壮素（Cycocel，CCC），能抑制枝条徒长，减少新梢长度，增加分枝数，促进花芽分化，增加花芽量，提高坐果率，增进果实品质，提高产量，还可延长果实的贮藏寿命。

3. *在生长末期喷施生长调节剂* 在 10 月中、下旬喷 50 毫克/升赤霉素可提高来年的坐果率。

植物生长调节剂的使用效果受多种因素的影响，气候条件、施药时间、用药量、施药方法、施药部位以及杏树本身的吸收、运转和代谢等都将影响到其作用效果。在生产应用中应先进行试验，再大面积使用，以达到理想的效果。

（三）疏果

在杏树开花结果的早期合理疏花，可有效提高坐果率，增加果个，改善果实品质，实现高产、优质、高效益；合理疏果还可以保证树势强壮，有利于花芽分化，避免大小年结果的发生，是连年优质、丰产、稳产不可缺少的技术措施。

疏果在落花后半个月左右进行，此时幼果纵横径约为 1.0～1.5 厘米，因授粉不良而造成的落果已经过去。疏果宜早不宜迟，最迟也应在硬核前完成，这样有利于果实膨大，避免营养浪费。

进行人工疏除时，应先将小果、病虫果、畸形果全部摘除，对于杏果过密的果枝应疏去一部分果个较小的好果，使留下的杏果均匀分布在果枝上。

适宜留果量的确定方法有叶果比法、干周法和截面积法等，但最易掌握的是按果与果之间的距离确定留果量的方法，一般小型果品种3～5厘米、中型果品种5～8厘米、大型果品种10～15厘米。如按全树的总叶片量确定留果量，可掌握每20片叶以上留1个果。

但在生产应用中不可死搬硬套“幼果间距”和“叶果比”等方法，疏除的程度应根据品种和树势灵活掌握。一般大型果品种可留稀些，小型果品种留密些；壮树多留果，弱树少留果；鲜食品种留稀些，加工品种留密些；仁用杏除疏去小果、虫果外不疏果，以免促使果肉膨大从而影响杏仁质量。

疏果作业应按从上到下、从里到外的顺序进行，以免使完成疏果的部位受到伤害。为了不伤害果实，最好带上棉制手套进行。

第九章　杏树整形和修剪

杏树喜光，而且生长快、结果早，因此放任不剪或修剪方法不当，就会造成树冠郁闭，内膛枝条枯死，结果部位外移，树体早衰，影响果实品质和树体的经济寿命，并且还容易形成周期性结果即大小年现象。

通过合理整形修剪，可以在不违背树体自然生长的原则下，形成一定的树形和树体结构，有利于充分利用空间，最大限度地截获光能。通过修剪还能调节生长与结果的关系，达到早果、高产、稳产、优质、低成本和延长盛果期年限的目的。

一、整形修剪的原则和依据

（一）整形修剪的原则

1. 因树修剪，随枝作形　合理的树形，有利于合理地利用空间和阳光，实现高产和优质。但杏树的品种不同，生长结果习性各异，即使同一品种，枝条数量、着生位置和角度也不一样。同一品种，生长结果习性还随着砧木、树龄、树势及立地条件不同而变化。因此，在进行整形修剪时，既要根据品种特性、地力、栽植密度和形式等确定理论上的树形，又要根据实际的树体长势和枝条着生情况的不同而定。采取正确的方法，因枝修剪，随枝就势，诱导成形，做到有形不死，活而不乱，不能生搬硬套书本理论，机械作形，这样才能达到预期的目的。

2. 当前和长远相结合　修剪的适当与否，对幼树的结果早晚、产量高低、结果是否稳定、经济寿命长短、果实质量优劣等，都有一定的影响。在整形修剪时要做到既要考虑长远，又要照顾当前。对幼龄杏树，以培养树形和迅速扩大树冠为主，又要使其早结果，着重促进生长，增加枝量，为以后丰产打好基础。同时，还要考虑发展前途，延长结果年限。如果只顾当前利益，片面强调早果和丰产，必然会造成树体衰弱，形成小老树。反之，如果片面强调树形，而忽视早结果和早丰产，则不利于早期经济效益的提高和树势缓和，也易造成杏园的郁闭。对于盛果期树的修剪，也要做到生长结果相互兼顾，使其在正常结果的同时，保持健壮的树势。对于衰老期的杏树则要注意增强其长势。

3. 轻剪和重剪相结合　修剪轻重一般指剪下来的枝量占修剪前树体总枝量的比率，即修剪量来衡量。生产实践说明，修剪量越大，树体的长势越强，不利于早结果，但修剪量大有利于树体骨架的形成。修剪量小有利于早结果，但修剪量过轻，不易形成理想的骨架。由于杏树萌芽力强，成枝力较弱，花芽形成相对容易。因此，幼树修剪的目的主要是适当短截、促发分枝、形成骨架、迅速扩冠，对无发展前途的枝条则要轻剪，使之结果，做到轻、重结合，生长和结果两不误。这样，才能使杏树达到早期丰产的目的。

4. 冬剪和夏剪相结合　杏树生长势强，尤其是幼树、高接树和更新树，会产生大量的徒长枝、竞争枝和密挤枝，对发枝力差的品种又易产生很长的鞭杆枝，通过夏剪修剪，可及时适当的进行处理，使其尽早转变为结果枝组，增加分枝，提前形成树形。夏剪到位可降低冬剪的修剪量，减少冬剪的副作用，提前形成树形，有利于早期丰产和优质。

5. 主从分明，均衡树势　保持主干、主枝和侧枝等延长枝的生长优势，做到主枝服从主干，侧枝服从主枝，从属枝必须为主干枝让路。在各层主枝之间，下层应强于上层，防止出现上强

下弱的现象。同一层主枝生长势应基本一至，以防强弱失调和偏冠。同一主枝上下边的侧枝应强于上边的侧枝。主从分明有利于充分利用空间，增加树体的负载量，提高果实质量。主要采用调整枝条角度、采用不同程度的短截等方法，按主从关系的要求抑强扶弱，均衡各级骨干枝的生长势。

（二）整形修剪的依据

1. 品种特性　杏树品种不同，生长结果特性各有差异，如在枝条开张角度、萌芽力、成枝力、结果枝类型和坐果率等方面，都不尽相同。因此，修剪时不能按统一模式，而应根据实际情况，确定修剪方案。如对较直立、长势较旺的品种，应注意开张枝条角度，缓和树势；对于树姿开张、长势弱的品种要注意抬高枝条角度，增强树势。

2. 树龄和生长势　杏树在不同年龄时期，生长结果的表现不一样。因此，对整形修剪的要求也不同。幼树至初果期树，生长势较旺，这一时期应轻剪，注意整形，以提早结果。进入盛果期，树体大量结果，树势得到缓和，此期应保持适当的主枝角度，打开光路，同时注意调节营养枝和结果枝的比例，以延长盛果期年限。衰老期的杏树，需要重剪，多短截和重回缩，使老枝得到更新复壮。

3. 修剪反应　杏树品种不同，不仅生长结果习性各异，其枝条对修剪的反应也不一样。而同一品种的枝条长短、粗细、着生角度不同，对修剪的反应也不尽相同。因此，要在详细了解各种修剪方法对枝条或树体剪后的促进、抑制和缓势作用的基础上，综合应用各种剪法，达到预想的目的。不同的修剪时期和总体修剪量对修剪的作用也不同。冬剪对全树整体长势起抑制作用，但对局部则起促进作用，剪截越重，对整体长势的抑制作用和对局部长势的促进作用越明显。夏剪的抑制作用较大，所以要控制好修剪量。总的来说，杏树枝条对修剪的反应没有苹果等果树的规律性强，生产中要不断观察，正确利用杏树的修剪反应，达到整形修剪的目的。

4. 气候和肥水条件　气温较高、光照充足、降雨量较大的地区，树势一般较强，应适当轻剪。反之，在干旱少雨、气温较低的地区应适当重剪。土壤瘠薄、肥水缺乏的果园，应适当重剪，过分地强调轻剪、缓放和多留果，就必然会造成树体衰弱。肥水条件较好的杏园，宜适当重剪，以充分发挥修剪的作用，达到高产、稳产和优质的目的。

5. 栽植密度和方式　栽植密度和形式不同，整形修剪的方法和措施也应相应改变。密植园要求树冠矮小，主干高度和主、侧枝剪留长度宜适当减小，主枝角度宜适当加大，并应及早控制树冠生长，防止郁闭。

二、杏树的整形

整形是在不违背品种本身特性的前提下根据立地条件、栽植密度和形式等将杏树修剪成一定的树形。整形以树体迅速占领空间、充分利用光能、方便管理和机械化作业为原则。

目前生产上常用的树形有自然圆头形、疏散分层形、自然开心形、延迟开心形、杯状形等。常用树形的树体结构及形成过程如下：

（一）疏散分层形

1. 疏散分层形的树体结构　疏散分层形主干高度60厘米，其特点是有明显的中心干，在其上分层着生8～9个主枝，第一层有主枝3～4个，第二层有主枝2～3个，第三层有主枝1～2个。主枝基部与主干呈50°～60°角。第一层与第二层间距80厘米，第三层距第二层60厘米，同一层内主枝间上下距离为15～20厘米。各主枝上分两侧着生侧枝，侧枝前后距离为30～50厘米，在侧枝上着生结果枝组（图9-1）。

这种树形有明显的中心干，主枝较多，分层着生，树体高大，树冠内膛光照好，不易光秃，枝条不易下垂，产量高，果实品质好，树体经济寿命长。

因杏树本身干性不强，此种树形不如自然圆头形容易形成，控制不好，容易出现上强下弱现象，导致骨干枝提早光秃。其形成过程比自然圆头形时间长，一般需4～5年，此树形适合于干性较强的品种。疏散分层形树冠大，适合于行株距较大、栽植密度较小的杏园。

图9-1　疏散分层形

2. 疏散分层形的形成过程

定干：定干高度80厘米。同时将树干扶正，以免偏冠。

第一年冬剪：在整形带内选出一个健壮的直立枝条作为中心干延长枝，将其剪留60厘米，剪口芽要饱满。在其下选留3～4个长势较强、均匀错落的主枝形成第一层，根据主枝的粗度和长势剪留50～60厘米，剪口留外芽。相邻主枝上下间距为15～20厘米。主枝基角为50°～60°。

第二年冬剪：在距第一层80厘米以上选留2～3个主枝形成第二层，第二层主枝要与第一层主枝错落分布，最上一个主枝要使其直立向上生长。第二层主枝的剪留长度以50厘米为宜。中心枝剪留50～60厘米。同时在距主干50厘米处为第一层主枝选留第一侧枝并为主枝培养大型结果枝组。及时控制辅养枝，使其为延长枝让路。

第三年冬剪：在距第二层60厘米处选留1～2个主枝形成第三层，要使最上一个主枝呈水平或斜向上伸展。第三层主枝要与第二层插空分布。并为第二层主枝和第一层主枝培养侧枝，侧枝要分列于主枝两侧，前后距离为30～50厘米。

每年中心干剪口芽的方位应互换，如第一年留在背风面，第二年应留在迎风面，第三年可再留在背风面，以利主干的垂直生长和其上枝条的均匀分布。

（二）自然圆头形

1. 自然圆头形的树体结构　自然圆头形是顺应杏树的自然生长习性，人为稍加调整而成的一种树形。它无明显的中心干。在主干上错落着生5～6个主枝，除最上1个主枝向上延伸外，其他几个主枝均向外围插空伸展，主枝基部与树干呈45°～50°角。各主枝上分两侧选留2～3个侧枝，侧枝的前后距离为40～50厘米，在侧枝上着生结果枝组。主干高度60厘米（图9-2）。

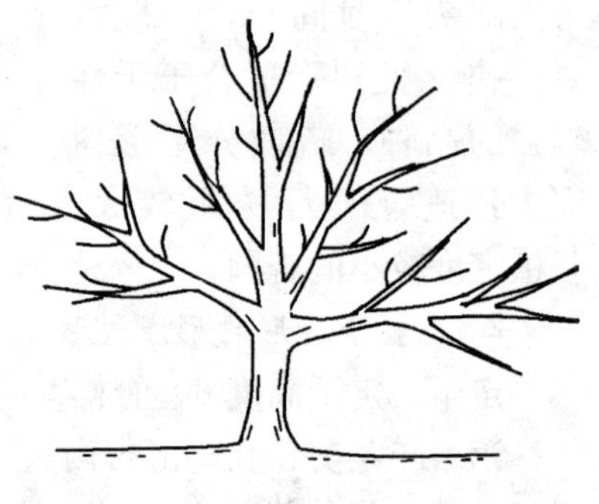
图9-2　自然圆头形

自然圆头形因整形修剪量小，成形快，定植后2～3年即可形成，进入结果期早，因主枝较多，容易丰产，又因无中心干，树冠不致太大，容易管理。

后期树冠容易郁闭，内部小枝枯死，骨干枝中、下部秃裸，结果部位容易外移，树冠外围也容易下垂。此种树形适合于直立性较强的品种。自然圆头形树冠大，比较适合于行株距较大、栽植密度较小的杏园。

2. 自然圆头形的形成过程

定干：定干高度为80厘米。

第一年冬剪：在整形带内选出1个长势强的枝条作为中心枝，在其下选留3～4个错落着生的主枝，形成第一层，主枝基角为45°～50°，对选留的主枝，剪留长度为50～60厘米，剪口留外芽。中心延长枝剪留50～60厘米，使其向上生长。在中心枝长势较弱的情况下要适当少留主枝，以保持中心枝的优势，避免形成“卡脖”现象。

第二年冬剪：中心枝剪留 60 厘米左右，剪口芽留在迎风面。对树势较强的可选留第二层主枝。使第二层主枝与第一层主枝错落着生，该层主枝的基角为 40°～50°，第二层主枝剪留长度为 40～50 厘米。同时为第一层主枝培养第一侧枝。控制非骨干枝的生长势。

第三年冬剪：中心枝剪留 50～60 厘米，剪口芽与上一年选留位置相反，以保持树干整体的垂直性。在中心枝下面选留第三层主枝，各主枝延长枝剪留 50 厘米左右，使其与第二层主枝错落着生。继续为第一层主枝、第二层主枝选留侧枝，侧枝要分列于主枝两侧，第一侧枝距主干 50 厘米，相邻两侧枝间的距离保持在 40～50 厘米，侧枝剪留长度为 30～40 厘米。

在树势较强、枝条生长量较大的情况下，可以通过夏季摘心的方法选留主、侧枝。每年要在选留主、侧枝的同时，对其他有发展余地的枝条，通过短截和疏密相结合的方法培养成结果枝组。在安排结果枝组时，不要在同一枝上安排两个以上强旺的结果枝组。以免形成“卡脖”，影响主、侧枝的正常生长，阻碍树冠的扩大。

（三）自然开心形

1. 自然开心形的树体结构　主干高度 30～50 厘米，无中心干，主干上着生 3～4 个均匀错落的主枝，主枝基角为 50°～60°，主枝间平面夹角相同。每个主枝上分两侧着生 2～3 个侧枝，侧枝的前后距离为 40～50 厘米，其上着生结果枝和结果枝组（图9-3）。

图 9-3　自然开心形

自然开心形树体较小，

通风透光性良好，果实质量高。其成形快，进入结实期早，适于密植。在土地瘠薄、肥水条件较差的山地发展仁用杏，宜采用此种树形。它的缺点是主枝容易下垂，树下管理不方便，树体寿命较短。

2. 自然开心形的形成过程

定干：定干高度为 60～80 厘米。

第一年冬剪：在整形带内选留 3～4 个主枝，使其相邻主枝的平面夹角相等，主枝基角保持在 50°～60°。选定主枝后，各主枝要在饱满芽处短截，一般剪留 50～60 厘米，剪口留外芽。

第二年冬剪：继续对主枝延长枝于饱满芽处进行短截，剪留长度为 50～60 厘米，剪口留外芽。同时，为主枝选留侧枝，第一侧枝距主干 50～60 厘米，剪留长度为 30～50 厘米。在主枝上培养结果枝组。

第三年冬剪：对主枝延长枝和第一侧枝于饱满芽处短截，剪留 50～60 厘米。同时，培养第二侧枝。主枝上的侧枝要分两侧着生，使其前后距离保持在 40～50 厘米之间。在整形的过程中还要注意为主、侧枝培养结果枝组。

第四年冬剪：树体已基本成形以后，修剪的目的主要是继续扩大树冠，培养结果枝组。具体修剪方法可参考上一年进行。

该树形无中心干，主枝数量又少，因此营养集中，主枝长势较强，可充分利用夏剪培养主、侧枝，并在及时控制背上枝长势的同时，将其培养成大型结果枝组。

（四）延迟开心形

1. 延迟开心形的树体结构　延迟开心形是一种改良树形，有明显的中心干，但没有分明的层次。在 70～80 厘米高的主干上均匀错落地着生 5～6 个主枝。主枝上下间距为 20～30 厘米，最上部一个主枝呈水平状或斜生伸展。树体成形后，将中心干上最后一个主枝去掉，即呈开心状。在主枝的两侧配置侧枝，两相邻侧枝的前后距离约 40～50 厘米。在侧枝上着生结果枝和结果枝组。主干高度 50～60 厘米。成形后树高控制在 2.5 米左右为好（图 9-4）。

图 9-4 延迟开心形

延迟开心形树冠中大，整形容易，进入结果期早，适合于密植。该树形前期有明显的中心干，成形后将中心干疏除，因此树体通风透光良好，内膛不易光秃，产量高，果实品质好，树体的经济寿命较长。

延迟开心形适用于干性较强的品种，适合在行株距较小、立地条件较差的地方应用。

2. 延迟开心形的形成过程

定干：定干高度为 70～80 厘米。

第一年冬剪：在整形带内选留一个长势较强的枝条作为中心枝使其向上生长，在其下选留 3～4 个主枝形成第一层，使第一层各相邻主枝间上下距离为 20～30 厘米，平面夹角相等。主枝剪留长度为 50 厘米左右。基角保持在 50°～60°之间，剪口留外芽。

第二年冬剪：中心延长枝继续在枝条饱满芽处短截，剪留长度为 50～60 厘米，在其下选留 2～3 个主枝形成第二层，第二层主枝与第一层相距 80 厘米左右，第二层主枝要与第一层错落着生。同时，要为第一层主枝选留侧枝，第一侧枝距主干 50 厘米，其剪留长度为 30～50 厘米。

第三年冬剪：如果主枝数量不够，可继续对中心枝进行短截。如果主枝数量已经够用，可为第一层和第二层主枝培养侧枝，侧枝要分列在主枝的两侧。同时为主枝培养大小相间、插空着生的结果枝组。

第四年冬剪：继续为各主枝培养侧枝。为主枝和侧枝培养结果枝组。树体成形后，将中心干上最后一个主枝去掉，使之呈开心形，树高控制在2.5米左右。

(五) 杯状形

1. 杯状形的树体结构　干高30～50厘米，无中心干，主干上着生3～5个主枝（骨干枝）。主枝单轴向前延伸，没有侧枝，在主枝上直接着生结果枝组。主枝开张角度为25°～35°，枝展控制在1～1.5米为好（图9-5）。

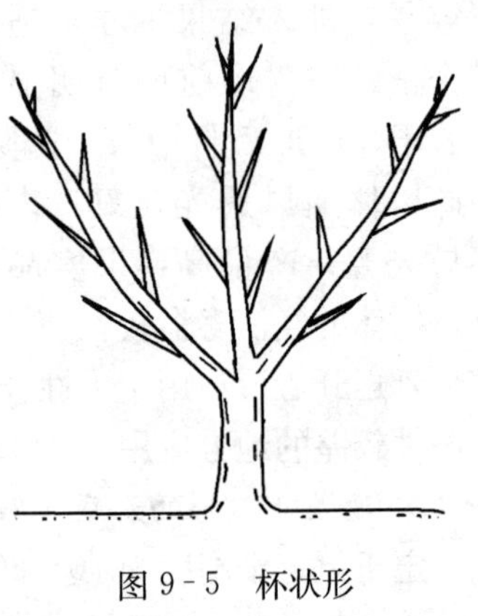

图9-5　杯状形

该树形主枝上没有侧枝，直接培养结果枝组，成形快。再者，主枝的开张角度较小，结构紧凑，通风透光好，内膛枝无枯死现象，果实品质好，树体丰产、稳产性强。

该树形适于密植和立地条件较差的杏园。

2. 杯状形的形成过程

定干：定干高度为50～70厘米。

定植后当年夏剪：对长势强的树体，从剪口下长出的新梢中，选留3～4主枝，要求其生长健壮，每相邻主枝的平面夹角相等，主枝基角保持在25°～35°。其余枝条可对其缓放或进行摘心，以确保选留主枝的生长优势。

第一年冬剪：主枝剪留60厘米左右，剪口留外芽。除选留的主枝外，对竞争枝全部疏除，其余枝条根据其发展空间大小进行适当轻剪或缓放。

第二年夏剪：于春季在剪口下长出的新梢中，选出直线向前延伸的健壮枝条，将其培养成主枝延长枝。对其余枝条进行适当摘心，将其培养成结果枝组。

在整个生长季节中要修剪2～3次，以使其枝条长势均匀。

对竞争枝要及时疏除，长势中等的斜生枝尽可能保留或轻剪，以促其提早形成花芽。

第二年冬剪：继续对主枝延长枝进行短截，剪留长度60厘米左右，对其余枝条按发展空间的大小决定其去留。除对长势很旺的竞争枝要疏去或重剪外，一般枝条都尽量轻剪。

第三年：按以上方法对主枝延长枝进行短截，并在各主枝的斜外侧选留1～2个侧枝，以备培养成结果枝组。各主枝上的结果枝组，要分布均匀，避免互相交叉或重叠。第四年，继续将侧枝培养成结果枝组，完成树形培养。

三、杏树的修剪

（一）杏树修剪的时期和方法

1. 冬剪的时期和主要方法

（1）冬剪的时期　冬剪在落叶后至第二年树体萌芽前进行，又叫休眠期修剪。冬季树体贮藏养分充足，通过修剪，可减少树体枝芽量，能充分保证留下枝芽的营养供应。冬剪量越大，对局部生长的促进作用越明显。冬剪因剪除一部分花芽，可起到调节树体负载量的作用。冬剪还可改变树体的结构，改善通风光照条件，从而提高果实质量。

冬剪宜晚不宜早，最好在早春进行。落叶后过早修剪，不利于养分的充分回流，由于剪口经过深冬低温期，也不利于剪口的愈合。过晚芽体萌发，树液流动，修剪会造成养分的损失。

（2）冬剪的主要方法　冬剪以短截、疏枝和回缩为主要作业，修剪量大，对树体骨架的形成和营养的积累及分配有较大的影响。冬剪无叶片的干扰，操作比较容易。

①短截。剪去1年生枝条的一段称为短截。根据剪除部分占枝条总长度的比例将短截分为：轻短截（剪除1/4左右）、中短截（剪除1/3～1/2）、重短截（剪除2/3）、极重短截（仅留枝条基部2～3芽，也叫留橛）。短截程度的轻重，应根据枝条的粗

细、长短以及品种、树势、短截目的等因素确定。

由于短截缩短了枝条长度，减少了芽的数量，从而可使养分、水分更集中地供应保留下来的枝芽，并刺激剪口以下的芽萌发和抽出较多、较强的新梢。一般情况下，短截越重，对局部的促进作用越明显，长枝越多，短枝越少，但极重短截，由于余下的芽多为秕芽，常不如重短截萌发的枝条强壮。

幼树短截的作用在于刺激剪口下的芽萌发并抽生2～3个长枝，以迅速扩大树冠，增加全树总枝叶量和增加结果部位；在留下的中、下部枝上，促生一定数量的短果枝，用于第二年结果。短截在幼树期间要尽量少用，但为了整形的需要，对于骨干枝上过长的延长枝，可以进行轻、中短截，以利于发枝扩冠。对部分竞争枝、徒长枝和过密枝，在适当疏密的基础上，可少量应用重短截或极重短截的方法培养中、小结果枝组。对于枝干背上部分的直立枝，也可应用短截和夏剪措施，培养结果枝组。

对盛果期树短截可维持健壮树势和稳定的结果部位，延缓结果部位外移，保持稳定产量。对于长势偏弱的成龄树，可适当采用中、重短截方法，以减少花量，增强长势，促进花芽分化。对衰老期树短截，可促进更新复壮。

②疏枝。将枝条从基部剪除称之为疏枝。疏枝可以使树体通风透光，削弱顶端优势，增强光合效能，保护内膛的短枝和结果枝；减少营养的无谓消耗，促进花芽形成；抑前促后，平衡枝势。疏枝的主要目标是：背上的竞争枝；树冠中、上部的过密枝、交叉枝；剪口附近的轮生枝。此操作一般在较旺枝上去强留弱，在弱枝上去弱留强。

疏枝一般对全树或被疏枝的母枝起削弱生长的作用。削弱的程度与疏枝的部位、疏枝的多少和疏枝造成的伤口大小有关。杏树大量疏枝易引起伤口流胶，明显削弱树势。因此，杏树疏枝时不宜从主干基部疏除，可用留短桩的办法来解决，同时要注意涂伤口保护剂。疏枝时不可一次疏得过多，要逐年分期进行。

③回缩。剪去2年生以上枝条的一段称为回缩，也叫缩剪。回缩缩短了枝轴，使留下的部分靠近主干，养分集中供应，又降低了顶端优势的位置，可明显促进余下枝条的生长、开花和结果。缩剪可以削弱和控制不适宜部位母枝的生长量，促进后部枝条的生长或刺激潜伏芽的萌发，改变各类延长枝的延伸方向和角度，改善通风透光条件。回缩还可控制树冠大小。在辅养枝控制、结果枝组培养、多年生枝换头和老树更新时应用较多。

④缓放。缓放就是对1年生枝条不进行修剪，也称甩放。缓放可增加母枝的生长量，缓和新梢的生长势，减少长枝的数量，改变树体的枝类组成，促进短果枝特别是花束状果枝的形成，从而有利于花芽的形成，是幼树和初结果树修剪时采用的主要方法。

在幼树期间，对骨干枝上的两侧枝、背下枝、角度大的枝进行缓放，形成短果枝的效果非常明显，而对于直立枝、竞争枝和背上枝进行缓放，则易形成树上树，破坏从属关系，扰乱树形。因此，对后一类枝一般要疏除。另外，对结果多的枝，要缓、缩配合使用。树势较弱、结果多的树，则不宜缓放。

2. 夏剪的时期和主要方法

（1）夏剪的时期　夏剪在萌芽以后至落叶以前的生长期进行，又叫生长季修剪。对幼树进行夏剪，可增加分枝级别和数量，同时控制旺长，达到迅速扩大树冠和提早成形之目的。对成年树进行夏剪，主要目的是为了调整树体生长和结果的关系，改善通风透光条件，促进花芽分化，提高产量和果实品质。目前，消费者对果品质量的要求越来越高，所以，夏季修剪的作用也越来越受到生产者的重视，在杏树修剪中应提倡和推广夏剪。由于夏剪去除大量的枝叶，减少了光合面积，对树体生长的抑制作用强，因此要掌握好夏剪的程度和时期。

（2）夏剪的主要方法　夏剪以抹芽、拉枝、摘心、疏除徒长枝或竞争枝、扭梢等为主要操作内容。

①抹芽与疏梢。抹芽又叫掰芽子。在春季杏树叶芽萌发，抽出3～5厘米长的嫩芽时，对于位置不当（背上、内生）、数量过多（剪、锯口）的嫩芽可及时用手“抹去”，即节省养分，又不会留下残桩，是简便易行的夏剪手段，尤其对于幼树、高接树和老树更新后萌出的嫩枝，用抹芽的方法处理既方便，效果又好。抹芽越早越好，如果等枝条半木质化之后再抹，不但操作不方便，还会留下疤痕，引起树体流胶。疏梢主要是疏除竞争和过密的新梢，减少养分消耗，改善光照条件。疏梢可作为抹芽不及时或不到位时的补充，生长后期应用较多。

②拉枝。拉枝的作用是改变枝条的方向，多用于将着生角度过小或直立的旺枝拉平，开张枝条角度以缓和其生长势，拉枝在幼树和初果期树上应用最多。操作时可用细绳或细铅丝，将一端固定在被拉枝的中部，一端固定在地上或主干、主枝上，为避免铅丝缢入枝内，可在固定处垫上木片或胶垫等物。拉枝的最佳时间在5月上、中旬至6月上、中旬。

③摘心。摘心是杏夏季修剪的主要操作。用于将徒长枝、新萌出的更新枝以及没有发展空间的长枝等改造成结果枝组。摘心的适宜时期是在枝条基部已半木质化时，此时用手掐断其先端部分特别容易。据观察，摘心10天以后，最上1～3个芽子开始萌发，摘心早萌发芽子的数量多，长势也强。只要枝条未停止生长，均可使用摘心的方法终止其继续延长，并促使其发生分枝。对于生长势很强的枝条，可采用2次乃至3次连续摘心的方法。杏幼树生长旺盛，萌芽力及成枝力较弱，利用摘心的方法可以显著增加结果枝量，提高早期产量。

④扭梢。扭梢是将枝条自其中、下部用手拧转并使之下弯但不折断的一种手术，常用于将直立性长枝改造成果枝，枝条经扭梢后，养分和水分的运转受阻，生长势得到缓和。

（二）不同年龄时期杏树的修剪

1. 幼树的整形修剪

（1）幼树的生长特点　苗木定植后，经过缓苗期，即进入迅速生长阶段。该时期树体生长势极强，极易生成几个长枝，并常常在主枝的背上或主枝的拐弯处，萌发直立向上的竞争枝，有时甚至超过主枝。如果这些枝条不及时加以控制，就会形成“树上树”或“树中树”。

（2）幼树的修剪目的　这一时期修剪的主要目的，是利用幼树的生长特点，进行整形，建立合理的树体骨架。

（3）幼树的修剪技术　幼树修剪的重点应放在整形上。要根据设定的理想树形配置主、侧枝，保持主、侧枝具有较强的生长势，同时控制其他枝条的生长。

在2～3年内，每年要短截主、侧枝的延长枝，促使其发生侧枝和继续延伸，不断扩大树冠。主、侧枝的从属关系为：主枝服从中心干、侧枝服从主枝。延长枝的修剪量要根据品种、发枝力强弱、枝条长短和生长势来确定。一般要强枝轻剪、弱枝重剪，以剪去原枝长的1/3～2/5为宜。

对于有二次枝的延长枝，应根据二次枝发生的部位决定剪截的位置。如果二次枝着生部位较低，可在其前部短截，或选留一个方向好的二次枝作延长枝，并对其进行短截。对于二次枝部位很高的延长枝，则可在其后部短截，以免因剪留过长，影响其分枝力和长势。

对于树冠内膛干扰骨干枝生长的非骨干枝，如无利用价值，则应及早疏除。对于凡是位置适合，能填补缺枝空间的枝条，可通过拉枝变向，结合缓放或短截，以促其分枝，将其培养成结果枝或结果枝组。对生长在各级枝上的针状小枝，不宜短截，以利于其转化成结果枝，增加早期产量。

对于幼树上的结果枝，一般应加以保留。杏树的长果枝坐果率不高，可进行短截，促其分枝，培养结果枝组。中、短果枝是主要的结果部位，可隔年短截，既可保证产量，又可延长寿命，不致使结果部位外移。花束状果枝是理想的果枝，不要进行修剪。

幼树期的修剪，虽然以整形为主，但应考虑到实现早期丰产的栽培目的，即在培养良好树形和树体结构的基础上，还要具备足够的枝条，促使其尽早开花结果，高产、稳产。所以，幼树期的修剪宜轻不宜重，不能为造成某种树形，而过分追求骨干枝位置，过多地疏除多余枝条，以免影响早期丰产。为了防止在冬剪时过多疏枝，可在当年夏剪时拉枝、抹芽，以减少无用的枝条。

2. 初果期树的修剪

(1) 初果期树的生长特点　杏树在定植后 2～3 年就可开花结果，但要达到理想的商品产量，则还需要 1～3 年的时间。在这段时间内，通过整形修剪的幼树，生长势仍然很旺盛，枝条不规则的生长仍很明显，营养生长仍大于生殖生长。

(2) 初果期树的修剪目的　保持必要的树形，即在原设计树形的基础上，加以护理。通过对延长枝的短截，继续扩大树冠。通过运用综合修剪措施，培养尽可能多的结果枝组。

(3) 初果期树的修剪技术　剪截各级主枝、侧枝的延长枝，保持饱满芽领头使其继续向外生长。疏除骨干枝上的竞争枝、密生枝及树冠膛内影响光照的交叉枝。短截部分非骨干枝和中部的徒长枝，促生分枝，使之成为结果枝组。对于树冠内部新萌发的生长势旺盛、方向和位置合适的徒长枝，要通过拉枝变向、扭枝和重短截等措施，控制其长势，促发分枝，以填补膛内空间，并将其培养成结果枝组，力争实现内外立体结果。

3. 盛果期树的修剪

(1) 盛果期树的生长特点　盛果期杏树的树形结构已经形成，主枝开张，树势缓和，中、长果枝比例下降，短果枝和花束状果枝比例上升。

在盛果前期，树体结果量增大，枝条生长逐渐减少，生殖生

长大于营养生长。到了中、后期，结果部位逐渐外移，树冠下部枝条开始光秃，果实产量开始下降，容易形成周期性结果或大小年结果现象。

盛果期树如不进行合理的修剪，树冠内膛的结果枝就会陆续枯死，引起结果部位的外移，还会由于负载量得不到合理的调节而形成大小年现象，使树体早衰。

（2）盛果期树的修剪目的　盛果期树修剪的主要目的，是提高树体的营养水平，保持树势健壮，调整生长与结果的关系，防止大小年的发生，延长盛果期的年限，实现高产、稳产。盛果期树修剪的主要内容为延长枝的短截、各类果枝的短截和疏枝、结果枝组的更新。

（3）盛果期树的修剪技术　通过对主、侧枝的延长枝进行较重的短截促发新枝，补充因内部果枝枯死而减少的结果面积，使产量稳定。一般树冠外围的延长枝以剪去1/2～1/3为宜。

适当疏剪一部分花束状果枝，并对其余各类果枝进行短截，去除一部分花芽，以避免盛果期产量的大幅度波动，同时可防止内部果枝的干枯。一般中果枝剪去1/3，短果枝截去1/2。

回缩主、侧枝上的中型枝和过长的大枝。对手指粗的中型枝，可回缩到2年生部位。这样可以有效防止主、侧枝基部的小枝枯死，避免结果部位外移。

对于主轴达拇指粗的枝组，可回缩到延长枝的基部，使之不再延长。枝组上的1年生枝也应适当短截，以利其增生新的果枝。对于基部小枝已开始枯死的大型枝组，则可回缩到2年生部位上的一个分枝处。结果枝组的更新，对于保证盛果期杏树取得高而稳定的产量具有重要作用；实行不同程度的回缩，也是维持各类枝组生命力的有效措施。

对主枝背上抽生的一些徒长枝，应及时进行摘心或反复摘心，使之转变成结果枝组，增加结果部位。对于树冠外围的下垂枝，宜在一个方向向上的分枝处回缩，以抬高其角度。

对树冠内部的交叉枝、平行枝和重叠枝，可依具体情况或自基部去除，或回缩改造成枝组，以不过于密集、不妨碍透光为好。

盛果期杏树常有枯死枝、病虫枝，应及时疏除或剪截。

4．衰老期树的修剪

（1）衰老期树的生长特点　杏树进入衰老期的明显特征是：树冠外围枝条的年生长量显著减小，只有3～5厘米长，甚至更短。而内部枯死枝不断增加，骨干枝中、下部开始秃裸，结果部位外移，形成“一蓬伞”状。树冠内部萌生较多徒长枝。花芽秕瘦，不完全花增多，落花落果严重，产量锐减。表现在树体骨干结构上也多因风折、虫蛀和压伤、大枝残缺不全、树冠失去平衡。

（2）衰老期树的修剪目的　对衰老期杏树进行修剪的目的是更新复壮、恢复树势和延长经济寿命。衰老期树修剪的主要内容是骨干枝的重回缩和利用徒长枝培养枝组。

（3）衰老期树的修剪技术　衰老杏树的更新修剪，常需对大枝甚至主枝进行回缩，造成较大伤口，宜在早春发芽时进行，这样有利于伤口的愈合和隐芽的萌发。冬天锯大枝，伤口干裂，不易愈合，易招致病菌寄生，造成朽烂和流胶。

更新修剪的做法是按原树体骨干枝的主从关系，先主枝、后侧枝依次进行程度较重的回缩。主、侧枝的回缩程度掌握“粗枝长留，细枝短留”的原则，一般可锯去原有枝长的1/3～1/2。为了有利于锯口的愈合，锯口宜落在一个“跟枝”前面3～5厘米处，“跟枝”应是一个较壮而且向上的枝条或枝组，“跟枝”也同时短截。大枝的锯口要用利刀削平，伤口要涂上油漆等保护剂加以保护。

大枝回缩之后，更新枝可自“跟枝”上发出，也可自锯口以下部位的隐芽发出。对于抽出的更新枝，应及时选留方向好的作为新的骨干枝，其余的及时摘心，促使其发生二次枝，形成果枝。对背上生长势旺盛的更新枝，可进行较重的摘心（留 20 厘米左右），待二次枝发出后，选 1～2 个方向好的强壮枝在 30 厘米处进行第二次摘心，当年可形成枝组并形成花芽。

对于衰老树膛内发出的徒长枝，应充分加以利用，可仿照上述办法，进行连续的摘心，培养成结果枝组，填补空间，增加结果部位。衰老杏树更新修剪之后，对其及时摘心，可使树冠早期恢复，并且在第二年就可有可观的产量。

对衰老杏树进行更新修剪，应当配合以施肥、浇水，这样才可以收到好的效果，在干旱山区，更新后如不浇水，萌发的新芽则有可能“憋回去”。不但起不到更新复壮的效果，反而会加速树体的衰亡。所以，宜在更新前的秋末，对衰老树施以适量的基肥，并浇足冻水。更新修剪后应结合浇水，追施一些速效性肥料。根据树体的大小，每株施速效氮肥 0.5～1 千克。

重回缩后发出的更新枝，生长快，不牢固，尤其是自锯口附近由隐芽发出的新枝，容易被大风自基部摇折，应仔细加以保护，最好的方法是绑支杆，即在锯口的下方绑一个木棍，将新发出的枝条用细绳绑在木棍上，使枝条不能随风摇摆。绑支棍防折在多风地区的老树更新中非常重要。

（三）其他类型杏树的修剪

1. 放任树的修剪　我国一些杏产区还有相当部分树不整形、不修剪，任其自然生长。这类树一般树形紊乱，大枝多而拥挤，主从不明，层次不清，小枝枯死，内膛空虚，基部光秃，外围枝条密闭，结果部位严重外移，产量低而不稳，大小年严重。

对这类树进行改造首先要从大枝着眼，根据树的现状，坚持“因树修剪，随枝做形”的原则。

改造的方法是选留 5～7 个方向好、生长健壮的大枝作主枝，逐年去掉过密、交叉、重叠的大枝，加大层间距离，打开光路，使树体通风透光良好，诱使内膛发枝，培养结果枝组。同时回缩衰老枝，多短截发育枝，抬高下垂枝头。对外围和内膛的密生枝、交叉枝、枯死枝、内向枝等也要疏除或回缩。但对内膛发出的徒长枝和新梢要尽量保留，并加以利用，培养成枝组，以充实内膛。对高冠的树体，要进行落头，减少层次，打开天窗。如此坚持2～3年的改造，就会成为丰产的树形。

放任树不可修剪太重，疏除大枝时，要逐年、逐次地进行，避免一年内造成过多伤口，引起流胶，影响树势。

2. 小老树的修剪　小老树是指虽然树龄不大，但长势显著衰老的树，也叫未老先衰。形成小老树的原因有3个：一是苗木质量差，苗木瘦弱、根系不好或是病根；二是立地条件差，土壤板结，扎根困难，根系生长受阻；三是栽培管理粗放，肥水缺乏，连年遭受病虫为害，导致营养不良。

解决的办法是先找出造成小老树的原因，然后才能有针对性地采取有效措施。总的原则为：首先要加强土、肥、水管理，如丘陵坡地和沙荒地土薄，水肥流失严重，应深翻客土，多施有机肥改良土壤，提高土壤肥力，并做好水土保持工作。

其次，要抓好病虫害防治，对小老树的地上部和地下部病虫害应及时防治，做好护叶养根工作。再则要重视修剪的作用，修剪时要去弱留强，切忌枝枝打头，否则就会把好的叶芽去掉。要尽量少去大枝，减少伤口。小老树以恢复树势为主，应少结果或不结果，待转旺后再使其结果。此外，小老树一般根系衰老，根际范围小，吸收功能差，除深翻、扩穴施肥外，萌芽后应多次进行根外追肥，以利于树势转旺，从而促进新根的发生。

3. 高接树的修剪　高接树是指由多年生坐地苗嫁接或改换良种嫁接的树。这种改接树，由于树冠突然缩小，营养集中供应，因此，高接枝条成活后，生长异常旺盛，发枝能力很强，枝粗叶大，生长期长，停止生长较晚。

对这种树的修剪，应从高接成活并发枝后立即进行，一方面前期要不断抹除砧木上的萌蘖，一方面当新梢长到一定长度时，及时进行摘心，并要连续多次摘心，以便及早形成良好的树体骨

架，提早结果。而对竞争枝、徒长枝、密生枝，则应及早疏除，以免消耗营养。

如果接口上嫁接的2个接穗均已成活，因它们多能萌发成梢，易出现丛生现象。应在新梢长达10厘米左右时，按照整形要求，选留方向和角度都比较适宜的粗壮新梢作骨干枝，而对其他新梢，密者疏除，留者摘心，以保持骨干枝的生长优势。

如果上部新梢不宜留作骨干枝，而需从下部选留骨干枝时，则需将上部的新梢剪去，以保持选留新梢的顶端优势。

如果嫁接在同一部位的两个接穗同时萌发新梢，而只需保留其中的一个新梢时，对另一新梢暂时不要疏去，以免影响保留新梢的成活。但为不使这两个新梢形成竞争，需及时对另一个新梢进行摘心，促生分枝后，培养为结果枝组。

当高接树的新梢长到一定长度时，再按整形要求进行摘心，促生分枝。对已摘过心的新梢，如又萌发二次或三次新梢时，可适当疏除一部分，对保留的部分可再次摘心，以培养成结果枝组。但要控制这些新梢的高度，使其不超过留作骨干枝的新梢。

冬季修剪时，再按整形要求，疏除密生枝、交叉枝及砧木上萌发的新梢，以保持旺盛长势，迅速扩大树冠，增加结果部位，尽快提高产量。

4. 山杏的平茬复壮　山杏栽植后2～3年结果，5～6年后进入盛果期，15～20年后逐渐衰老，生长量明显减小，果枝上的花芽稀疏而且质量差，坐果率降低，杏仁质量也显著下降。生产实践表明，平茬能使生长衰退、产量下降的山杏复壮。平茬后的山杏枝条生长旺盛，花芽量大增，产量提高，并在树的高度和粗度上都能大于未平茬的山杏。

山杏平茬是将老山杏树的树干贴地面削平，促其抽生新枝，代替原来的树冠，是山杏复壮的一种方法。平茬宜在休眠期进行，冬初至发芽前均可，但以“三九”天平茬最好。平茬的部位应尽量低，以齐地面效果最好，留茬太高会导致枝条细弱。平茬茬口应平滑，不劈裂。山杏平茬后要用湿土埋成土堆，至翌春萌条自土堆中顶出，因其萌蘖旺盛，需定期抹芽定苗，可于5月下旬、8月中旬分两次进行疏萌蘖苗，去弱留强，树小的留一苗，树大可留两苗。经平茬的山杏在2～3年后产量大增，结果5～6年后，可再次进行平茬。

第十章 杏主要病虫害无公害防治技术

一、杏病虫害无公害防治应坚持的原则

杏病虫害无公害防治要贯彻预防为主、综合防治的方针，采取农业防治、生物防治和化学防治相结合的方法。首先要做好病虫害预测预报，做到有针对性地适时用药，未达到防治指标或益害比合理的情况下不用药；选用高效、低毒、低残留、对天敌杀伤力轻的生物农药或化学农药，并要根据农药的作用机理交替使用或混用不同种类的农药，以延缓病菌和害虫产生抗药性，提高防治效果；根据天敌发生特点，合理选择农药种类、施用时间和施用方法，保护天敌。农药的使用要符合“GB 18406.2—2001 农产品安全质量 无公害水果安全要求”中的规定。

二、无公害农药的种类和性质

无公害农药按其种类和性质分为以下几种：

1. 生物活体农药 如微生物农药苏云金杆菌（Bt 乳剂）、农抗 120 等。

2. 生物源农药 主要是指从植物、动物等生物中直接提取的具有农药功能的物质，如烟碱、苦谏素、苦皮藤素、油菜素内酯、氨基寡糖素等。

3. 抗生素类 如井冈霉素、多抗霉素、多杀菌素、阿维菌素等。

4. 特异性虫剂　这些农药主要是根据害虫的生物学特征，阻碍或抑制其发育、繁殖，如灭幼脲、不育剂、保幼激素等。

5. 超高活性，低用量的化学合成农药　如巨星、锐劲特、氯烟碱类杀虫剂等。对环境比较安全的剂型主要有水乳剂、微乳剂、微囊剂、水剂、悬浮剂、干悬剂等。

三、无公害生产的用药规范

1. 禁止使用的农药　无公害杏园严禁使用、禁止使用的农药和未核准登记的农药。如砷酸钙、砷酸铅、甲基砷酸锌、甲基砷酸铁铵（田安）、福美甲砷、福美砷及其他砷制剂、三基苯氯化锡、毒菌锡、西力生、赛力散、氟化钙、氟化钠、氟乙酸钠、氟乙酰胺、氟铝酸钠、氟硅酸钠、滴滴涕（DDT）、六六六、林丹、艾氏剂、三氯杀螨醇、二溴乙烷、二溴氯丙烷、甲拌磷、乙拌磷、久效磷、甲基对硫磷、一六〇五、甲胺磷、甲基异硫磷、氧化乐果、磷胺、稻瘟净、异稻瘟净、克百威、涕灭威、灭多威、杀虫脒、五氯硝基苯、稻瘟醇、除草醚、草枯醚、甲敌粉、三九一一等。

2. 限制使用的农药　无公害杏园限制使用的农药，每种每年最多使用1次，施药距采收期间隔应在30天以上。主要有乐斯本、抗蚜威（辟蚜雾）、功夫菊酯（三氟氯氟菊酯）、灭扫利（甲氰菊酯）、桃小灵、敌敌畏、杀螟硫磷、歼灭、氰戊菊酯、溴氰菊酯、（敌杀死）、氯氰菊酯等。

3. 允许使用的农药　无公害杏园允许使用的农药，在规定浓度内，每种每年最多使用两次，最后一次施药距采收期间隔应在20天以上。

（1）允许使用的杀虫杀螨剂　阿维菌素、苦参碱、蚍虫啉、灭幼脲3号、辛脲、蛾螨灵、杀铃脲、马拉硫磷、辛硫磷、尼索朗、浏阳霉素、螨死净、哒螨灵、蚜灭多、加德士敌死虫、苏云

金杆菌、烟碱、卡死克、扑虱灵、抑太保等。

(2) 允许使用的杀菌剂　菌毒清、腐必清、农抗120、喷克、大生、甲基托布津、多菌灵、福星、中生菌素、铜高尚、波尔多液、扑海因、代森锰锌、乙磷铝锰锌、硫酸铜、粉锈宁、硫胶悬剂、石硫合剂、843康复剂、多氧霉素、百菌清、9281等。

四、杏主要病害及无公害防治技术

(一) 细菌性穿孔病

1. 分布与为害　细菌性穿孔病主要为害叶片，也侵染果实和1年生枝。该病发生普遍，尤其是在湿度较大的地方，严重时可引起早期落叶和落果，削弱树势，影响产量，更甚者导致枝梢枯死。

2. 症状　叶片染病，初期在叶背和叶脉处产生淡褐色多角形水渍状小斑点，逐渐扩大为圆形至不规则形紫褐色或黑褐色病斑，病斑周围有黄绿色晕圈，到后期病斑干枯脱落，形成穿孔。当穿孔多时，病叶提早脱落。枝条染病，形成春季溃疡斑和夏季溃疡斑两种不同形式的病斑。春季溃疡斑发生在前1年夏季发病的枝条上。春季第一批新叶出现时，枝梢上已形成暗褐色水渍状小疤疹块。夏季溃疡斑多于夏末发生，在当年嫩枝上产生水渍状圆形或椭圆形的紫褐色斑点，中央稍凹陷。果实染病，初期在果面上产生褐色小圆斑，稍凹陷，后病斑扩大，呈暗紫色。天气潮湿时，病斑边缘出现水渍状晕圈，天气干燥时病斑或其周围出现小裂纹，病果常提前脱落。

3. 病原及侵染规律　病原菌为黄单胞杆菌［*Xanthomonas campestris* pv. *Pruni* (Smith) Dye］，又叫［*Xanthomonas pruni* (Smith.) Dowson.］，属甘蓝黑腐黄单胞菌桃穿孔致病型，为细菌。病菌在被侵染枝条组织中越冬，翌春病菌开始活动，借风雨或昆虫传播，经气孔、芽痕和果实的皮孔侵入。春季溃疡是该病的主要初侵染源。夏季气温高且湿度小不宜发病或发病轻。当气温19～28℃、相对湿度70%～90%时利于发病。一般年份于5月份开始出现，7～8月份发病严重。该病的发生和发展受气候、树势、管理水平及品种的影响。果园地势低洼，排水不良，通风、透光差，偏施氮肥发病重；早熟品种发病轻，晚熟品种发病重。

4. 防治方法

（1）加强杏园管理，增强树势　注意排水，增施有机肥，避免偏施氮肥，合理修剪，使杏园通风透光，以增强树势，提高树体抗病力。

（2）清除越冬菌源　结合冬季修剪剪除病枝，清除落叶，集中处理。连续3年全面清理病枝、病叶的杏园，可完全控制该病。

（3）化学防治　发芽前至萌动初期喷布3～5波美度石硫合剂，或1∶1∶100倍量式波尔多液，杀灭越冬病菌。落花期喷布72%农用链霉素可湿性粉剂3 000倍液，或硫酸链霉素3 000～4 000倍液，或机油乳剂∶代森锰锌∶水＝10∶1∶500～800，或硫酸锌石灰液（硫酸锌0.5千克、消石灰2千克、水120千克），每隔15天喷1次，喷3～5次，可有效控制此病。

（二）杏疔病

1. 分布与为害　杏疔病又叫杏黄病、红肿病、王八叶、娃娃病。普遍发生于杏产区，尤以山区较严重。主要为害新梢和叶片，也可为害花和果实。

2. 症状　新梢染病，生长缓慢，节间缩短，其上幼叶变黄，变厚，幼叶簇生，严重时干枯死亡。叶片染病，初期为暗红色，明显增厚，呈肿胀状，后逐渐变成黄绿色，叶柄短粗，与正常叶片区别明显，容易识别；后期变成黑褐色，干缩在枝条上，经冬不落。花朵染病，病花多不易开放，花苞肥厚，花萼、花瓣不易脱落。果实染病，生长停滞，果面出现淡黄色病斑，产生红褐色小粒点，后期干缩脱落或挂在树上。

3. 病原及侵染规律　病原菌为杏疔座霉（*Polys tigma deformans* Syd.），属子囊菌亚门真菌。以子囊壳在病叶内越冬，春季从子囊壳中散出子囊孢子，随气流传播到幼芽上，遇到适宜条件萌发侵入，随着新叶生长而蔓延。子囊孢子在一年中只侵染一次，无再侵染现象。该病害一般5月份产生症状，10月份叶片变黑，并在叶背面产生子囊越冬。

4. 防治方法

（1）清理杏园　冬剪时剪除病枝、病叶，集中深埋或烧毁，消灭越冬菌源。

（2）剪除病组织　于杏树生长季节及时剪除病叶、病梢，集中深埋或烧毁。

（3）化学防治　杏树萌芽前至芽萌动初期喷布3～5波美度石硫合剂。

（三）焦边病

1. 分布与为害　为害杏树叶片。该病近年来发生较多、范围较广。河北省中、南部焦边病最重，在山东、河南、山西等省也有发生。发病植株多提前落叶，严重威胁着杏树的生长发育。

2. 症状　叶片发病初期沿叶缘出现不规则的水渍状斑，继续扩展到近叶脉处，病斑变为黄褐色或红褐色，很快干枯、脱落，病斑与健康部分形成明显的界限。病斑脱落后的残叶似蚕食状，严重时整个叶片脱落。

3. 病原及发生规律　未发现寄生性病原，此病病因至今尚不清楚，可能是一种生理病害。诱因至少有两种，其一是大气污染，其二是土壤矿质元素失调。焦边病发病时期集中，河北省中、南部多在4月底、5月初嫩叶初展时开始发病，5月下旬至6月中旬，发病迅猛。在10～15天中，轻的叶片焦枯，如火烧状，严重的叶片落光，引起二次萌芽。到7～8月份的雨季，病情发展较慢。该病不仅影响生长和结果，造成减产甚至绝收，更由于使树势严重削弱，影响第二年甚至以后几年的收成。该病受土壤和栽培条件的影响较大，在沙地杏园，如果连年不施肥、不耕翻，土壤瘠薄，导致树势弱，这样的园片发病重。而肥、水条件好的杏园，树势壮，则基本不发病。

4. 防治方法

（1）使用不感病或感病轻的品种。

（2）加强土壤管理，采用行间耕作和刨树盘等栽培措施，改善土壤理化性能，可有效减轻此病的发生。

（3）增施有机肥，可明显减轻发病程度。

（4）对发病严重的品种或树体可进行更新修剪，并配合肥水管理，可明显减轻焦边病的发病程度。

（5）及时防治病虫害，增强树势。

（四）流胶病

1. 分布与为害　杏树流胶病分侵染性和非侵染性两种。各地杏产区流胶病发生普遍，流胶后树势迅速衰弱，重者造成树体死亡，流胶病是杏树生产上的重要病害。

2. 症状　流胶病主要发生在主干或大枝上，尤其是树的枝杈处更易发病，枝条和果实也会受害。发病初期，从病部流出淡黄色透明的胶状物质，与空气接触后，树脂凝聚渐变成红褐色，成为晶莹柔软的胶块，最后变成茶褐色，质硬。流胶处呈肿胀状，病部皮层或木质部变褐或腐朽，很易再被腐生菌侵染，使病树叶小发黄，树势衰退，严重时枝干枯死。果实流胶常发生在伤口处，流胶粘在果面上，导致果实生长停滞，品质下降。

3. 病原及侵染规律　侵染性流胶病的病原菌，其有性阶段为茶藨子葡萄座腔菌（*Botryosphaeria ribis* Tode Gross. et Dugg.），属子囊菌亚门真菌，无性阶段属半知菌亚门真菌（*Dothiorella gregaria* Sacc.），两个世代可同时存在。以菌丝体和分生孢子器在受害或病死的枝条中越冬。翌年 3 月下旬至 4 月中旬散出分生孢子，借风雨传播，经皮孔、伤口及侧芽缝侵入，进行初侵染。病菌潜伏在枝干中，当气温 15℃左右时，病菌开始活动，病部流出胶状物质。随气温升高，病情逐渐加重。一般树干受害严重，侧生枝下面重于上面；枝干分杈处受害重；土质黏重、肥水不足、负载量大时发病严重。

非侵染性流胶病的诱因主要是伤口，如雹伤、虫伤、冻伤、日灼伤、机械创伤等，在高接换种或大枝更新时常引起流胶病，夏季修剪过重也会诱发流胶病。

4. 防治方法　采用综合措施，避免使树体受到伤害。

（1）及时防治病虫害　生长季节要及时消灭蛀果（象甲、桃小、杏仁蜂等）、蛀干（天牛类、小蠹虫类等）害虫，休眠期要对老树刮树皮，树干涂白，杏树发芽前喷布5波美度石硫合剂。

（2）修剪不能过重　疏除大枝时，要保留跟枝，分次疏除；大树高接换头时采用多头高接法，对萌发的新枝避免一次去除过多，以防日灼。

（3）对大的剪口、锯口和机械伤口要涂防腐剂进行保护。

（4）增施有机肥，改良土壤结构　控制氮肥用量，增加钾肥的施用量，提高树体对流胶病的抗病力。

（5）生长季节禁止使用波尔多液，以免产生药害。

（6）化学防治　于萌芽前刮除流胶病块，用杀菌剂涂抹病斑，再用其他保护剂保护。可用药剂：佰明98灵原液、胶体杀菌剂（乳胶1千克、50％退菌特100克）、5波美度石硫合剂。

（五）杏褐腐病

1. 分布与为害　褐腐病又叫灰腐病和实腐病，是果实的主要病害之一，也为害叶片、花及新梢。

2. 症状　杏褐腐病有两种症状。一种为害近成熟的果实，初形成暗褐色、稍凹陷的圆形病斑，后迅速扩大，变软腐烂，上面长有黄褐色绒状颗粒，轮生或不规则。被害果多早期脱落，腐烂，少数挂在树上形成僵果。另一种为害果实、花及叶片。果实染病，生出灰色绒状颗粒，有时还引起花腐。叶片染病，形成大型暗绿色水渍状病斑，多雨时导致叶腐。

3. 病原及侵染规律　病原菌有两种，一种是仁果丛梗孢菌（*Monilia fructigena* Pers.），属半知菌亚门真菌。有性世代为果生链核盘菌［*Monilinia fructigena*（Aderh. et Ruhl.）Honey］，属子囊菌亚门真菌。另一种是灰丛梗孢菌（*Monilia cinerea* Bon.），属半知菌亚门真菌。有性世代为核果链核盘菌（*Monilinia laxa* Honey.）属子囊菌亚门真菌。病原菌在僵果和病枝中越冬，翌年雨水较多时产生分生孢子和子囊孢子，借风雨、昆虫传播，经皮孔、气孔或伤口侵入。侵染花形成花腐。侵染幼果，造成果腐和早期落果。在果实近成熟时遇有多雨高湿天气此病易流行。

4. 防治方法

（1）消灭越冬菌源　及时清除树上、树下的病果和僵果，集中深埋或烧毁，以减少菌源。

（2）及时防治虫害　及时防治杏象甲、桃小食心虫等害虫，以减少虫伤，防止病菌从伤口侵入。

（3）化学防治　萌芽前至芽萌动初期，喷布 3～5 波美度石硫合剂。落花期至果实采收前 20 天，喷布 70%甲基托布津可湿性粉剂 800～1 000 倍液，或 80%多菌灵可湿性粉剂 1 200～1 500倍液，或 70%代森锌可湿性粉剂 600～800 倍液。

（六）杏疮痂病

1. 分布与为害　疮痂病又叫黑星病，发生普遍，流行年份常导致丰产不丰收，是杏树生产上的重要病害之一。该病主要为害果实，造成果面龟裂，失去食用价值。也为害枝梢和叶片，使新梢枯死，叶片早落，更甚者整株死亡。

2. 症状　果实发病部位多在肩部。发病初期，果面出现暗绿色近圆形小点，随着果实的长大，颜色逐渐加深，病斑也随着扩大，严重时病斑连接成片。果实接近成熟时，病斑呈黑色或紫黑色。由于病斑仅限于表皮，所以在病斑组织枯死后果实继续生长，病果常发生龟状裂口，果面粗糙，形成疮痂。枝梢发病，初期产生椭圆形淡褐色小斑点，后病斑逐渐扩大，病部凹陷，呈黑褐色，严重者数块病斑连接成片，使植株上部枝梢枯死。叶片受害后，初期背面出现绿色病斑，后变为褐色或紫红色，最后穿孔或提前脱落。发病严重的植株，于当年7～8月份全部落叶，诱发二次萌芽，严重削弱树势。若连续2～3年严重发病，可导致根系腐烂，全株枯死。

3. 病原及侵染规律　杏树疮痂病的病原菌为嗜果枝孢菌（*Cladosporium carpophilum* Thumen），属半知菌亚门真菌，丛梗孢目，暗色孢科。病原菌以菌丝体在病枝中越冬。翌年4～5月份产生分生孢子，借风雨传播。病菌侵染果实的潜育期较长，约为40～70天，在新梢及叶片上为25～45天。发病初期在5月份，盛期在6～8月份。

该病在雨水较多的春、夏季发病严重，低洼潮湿地比旱地发病重；树冠郁闭，通透性差的杏园发病重；树冠下部果比上部果发病重；中、晚熟品种比极早熟品种发病重。

4. 防治方法

（1）避免在低洼和通风不良的地方建杏园。

（2）选择合适密度和树形，改善通风透光条件。

（3）减少菌源　结合冬剪，剪除病枝，集中烧毁，减少初次侵染源。

（4）化学防治　于萌芽前至萌动初期喷布3～5波美度石硫合剂，或1∶1∶120倍波尔多液。从落花后至6月份（早熟品种至采收前20天）喷布70%甲基托布津可湿性粉剂600～800倍液，或70%代森锰锌可湿性粉剂500～800倍液，或80%喷克可湿性粉剂800倍液，或80%多菌灵可湿性粉剂1 200～1 500倍液，或1∶2∶200硫酸锌石灰液。每隔15天喷1次，连喷4～5次，几种药要交替使用。

（七）根腐病

1. 分布与为害　根腐病是幼树及苗木的常见病害。发生普遍，为害严重，尤其是在重茬地和行间培育苗木的杏园。该病除为害杏树苗木及幼苗外，还为害苹果、梨、桃等果树的幼树和苗木。

2. 症状　根部染病，发病初期先在须根上出现棕褐色圆形小斑点，随着病情发展，病斑逐渐扩大连成片状，后期传染到侧根和主根上，导致其腐烂，使韧皮部变褐，木质部坏死。地上部染病，病株有3种症状。其一是叶片焦枯，当年生新梢叶片的叶尖和叶缘呈焦枯状，但叶片中间仍保持绿色。严重时叶片变黄脱落。这类病株虽树势变弱，但生长结果基本正常，因此一般不易引起注意。其二是枝条萎蔫，病树萌芽后，前期生长正常，但当新梢长到10厘米左右时，其上叶片向上卷曲，叶小而色淡，生长势弱，表现出明显的失水状，2～3天后，叶片萎蔫枯死，这是根腐病的常见症状，容易引起注意。其三是植株猝死，多发生在7～8月份的高温、高湿季节，发病迅速。前期植株生长结果正常，到夏季多雨季节，突然全株死亡。这种类型的病株发病突然，难以救治，为害程度大。根腐病先侵染根，若发现地上部出现相应病变时，说明病情已相当严重。

3. 病原及侵染规律　杏根腐病的病原菌为尖孢镰刀菌（*F. oxysporum* Schlecht）和茄属镰刀菌（*Fusarium solani*），属半知菌亚门真菌，镰孢属，属于弱寄生菌类。该病在地上部分的症状，一般从5月上旬开始出现，一直延续到8月中、下旬。发病初期，部分须根出现棕褐色近圆形小病斑。随着病情加重，侧根和部分主根开始腐烂，接着是韧皮部变褐，木质部坏死、变黄或腐烂。该病的发生轻重与树势有关，树壮发病轻或不发病，一旦树势衰弱就容易发病。土壤黏重，排水不良，造成根系通气不良，引起树势衰弱，容易诱发此病。幼树容易发生根腐病。

4. 防治方法

（1）不在黏重地、涝洼地和重茬地建立杏园，杏树行间禁止育苗；增施有机肥，可有效预防此病的发生。

（2）在种植前进行苗木消毒，将苗木根系或全株浸在消毒液中消毒 5～10 分钟。常用消毒液有 100～200 倍硫酸铜溶液、3～5 波美度石硫合剂。

（3）对已被浸染的病株，应及时疏除幼果，并加强土、肥、水管理，以增强其树势，提高抗病力。

（4）给病树灌根　灌根于 4 月中旬到 5 月中旬进行。大树从树冠下离树干 50 厘米开始挖沟，沟宽、深各 30 厘米，沟与沟间隔 50 厘米，依树体大小每病株挖 1～2 条沟，每株灌药 15～30 升；小树每隔 30～50 厘米挖 1 个坑，每株灌药 5～10 升。灌药后回填原土。可用药剂：硫酸铜 200 倍液、根腐灵 600 倍液、3～5 波美度石硫合剂。病情严重时，应多次灌根，药剂要交替使用。

（5）根腐病株死亡后，要尽早刨除和销毁，并向穴内灌药对土壤彻底消毒一次。

五、杏主要虫害及无公害防治技术

（一）杏球坚蚧

1. 分布与为害　杏球坚蚧又叫朝鲜球坚蚧、桃球坚蚧。该虫在各地均有发生。为害杏、桃和李等树种。该虫主要吸食树体汁液。被害杏树树势衰弱，生长缓慢，产量下降，严重时造成枝干枯死。

2. 形态特征　杏球坚蚧（*Didesmococcus koreanus* Borchs.）属同翅目，蜡蚧科。成虫：雌成虫近球形，长 4.5 毫米，宽 3.8 毫米，高 3.5 毫米，初期软黄褐色，后期变为硬壳，壳红紫褐色，表面有薄蜡粉。雄成虫体长 1.52 毫米，翅展 5.5 毫米，头胸赤褐，腹部呈淡黄褐色。卵：椭圆形，长 3 毫米，宽 0.2 毫米，初期白色后渐变粉红色。若虫：初孵若虫长椭圆形，长 0.5 毫米，淡褐至粉红色，被白粉。若虫固着后分泌出弯曲的白蜡丝覆盖于体背，不易见到虫体。

3. 发生规律　北方地区1年发生1代，以2龄若虫在枝条背阴面的芽基、裂缝处越冬。翌年3月中旬从蜡被里脱出，雄若虫4月上旬开始分泌蜡茧并在其中化蛹。4月中旬开始羽化交配，交配后雌虫迅速膨大。5月中旬前后为产卵盛期。卵期7天左右。5月下旬至6月上旬为孵化盛期。初孵若虫分散到枝、叶背为害，落叶前叶上的若虫转回枝上。10月中旬后以2龄若虫在蜡被下越冬。该虫的雌、雄比为3∶1。雄成虫寿命只有2天左右，1头雄成虫可与数头雌成虫交配。全年4月下旬至5月上、中旬为害最盛。

4. 防治方法

（1）人工刷除　在成虫介壳形成后，虫卵未孵化前，用毛刷、草把刷除雌虫，注意不要漏刷枝杈处。

（2）生物防治　此虫的天敌为黑缘红瓢虫和寄生蜂，要保护和放养天敌。黑缘红瓢虫不但捕食量大，而且其羽化时间与杏球坚蚧孵化出壳时间基本相同。因此，杏球坚蚧的药剂防治应以春季为主，生长季节用药要慎重，以免伤害天敌。当杏球坚蚧与黑缘红瓢虫比例小于50∶1时，可不用药防治。

（3）化学防治　在杏树休眠期喷布3～5波美度石硫合剂，或5%机（柴）油乳剂100倍液；在介壳虫初龄若虫期（蚧壳软化）用药剂防治，可选择渗透性强的油乳剂或强内吸剂，如速克蚧1 000～1 500倍液，或15%高效氯氰菊酯1 200倍液，或80%敌敌畏乳油1 000倍液，或99.1%加德士敌杀死乳油200～300倍液。为了增加药剂的附着力，可在进行药效试验的基础上，混合300倍的中性洗衣粉。

（二）桑白蚧

1. 分布及为害　该虫在各地均有发生。为害杏、桃、李、樱桃、苹果、梨和柿等树种。以若虫和雌成虫群集固着在枝干上刺吸汁液，偶有为害果实者，2～3年生枝受害最重，发生严重时，整个枝条被虫体覆盖，并重叠成层，远看很像涂了一层白

蜡。严重削弱树势，重者枯死。

2. 形态特征　桑白蚧［*Pseudaulacaspis pentagona*（Targio ni -Tozzetti）］属同翅目，盾蚧科。成虫：雌成虫体长1毫米左右，淡黄至橙黄色，介壳灰白至黄褐色，略隆起，有螺旋形纹，壳点黄褐色，偏生壳的一方。雄成虫：体长0.7毫米，橙黄色至橘红色。胸部发达，前翅卵形，灰白色，上有细毛。后翅为平衡棒。性刺针刺状。介壳细长，1.3毫米左右，白色，背面有3条纵脊，壳点橙黄色，位于壳的前端。卵：椭圆形，长0.25～3毫米，初期为粉红色，后变黄褐色，孵化前变为橘红色。若虫：扁椭圆形，长0.3毫米左右，初孵淡黄褐色，后变为橙色，有触角1对，腹部末端有2根尾毛。蛹：橙黄色，长椭圆形，仅雄虫有蛹。

3. 发生规律　北方各省1年发生2代，以受精雌成虫在枝干上越冬。越冬雌成虫于4月下旬开始产卵，5月上旬为产卵盛期。卵期9～15天，5月中、下旬为孵化盛期，初孵若虫多分散到2～5年生枝上固着吸食，以枝杈处和阴面较多，经6～7天开始分泌棉絮状蜡丝，渐形成介壳。第一代若虫期40～50天，6月下旬至7月上旬羽化。卵期10天左右，第二代若虫8月上旬盛发，若虫期30～40天，9月份羽化交配后雄虫死亡，雌虫为害至9月下旬开始越冬。

4. 防治方法

（1）苗木检疫　加强苗木、接穗检疫工作，防止该虫的扩散。

（2）人工防治　在杏树休眠期用硬毛刷或钢丝刷等刷除枝条上的越冬雌虫，剪去受害严重的枝条，集中烧毁，之后喷布3～5波美度石硫合剂，或5%机（柴）油乳剂100倍液。

（3）生物防治　桑白蚧的天敌主要有红点唇瓢虫、日本方头甲寄生蜂、草蛉等。注意保护和利用天敌，消灭桑白蚧，或控制其为害程度。

(4) 化学防治　防治的最佳时期是在若虫尚未分散转移、分泌蜡质之前。可喷布99.1%的加德士敌杀死乳油200～300倍液，或速克蚧1 000～1 500倍液。喷药时加入300～800倍中性洗衣粉效果更好。

(三) 龟蜡蚧

1. 分布与为害　龟蜡蚧又名枣龟蜡蚧、日本龟蜡蚧、日本蜡蚧，分布广泛，为害杏、枣、柿、苹果和梨等果树，食性杂，在枣园附近的杏园易发生该虫害。以若虫和雌成虫吸食枝、叶、果中汁液为害，同时排泄大量蜜露，诱致煤污病发生，严重影响光合作用，削弱树势，重者枝条枯死。

2. 形态特征　龟蜡蚧（*Ceroplastes japonicus* Green）属同翅目，蜡蚧科。成虫：雌虫圆球形，淡红色，口器刺吸式，外被较厚的蜡壳近似龟甲，壳呈椭圆形，长4～5毫米，背部隆起，上有7个龟形纹刺突。雄成虫棕褐色，体长1～1.4毫米，椭圆形，扁平，淡红至紫红色，翅1对白色透明，有2条明显刺脉。卵：椭圆形，长0.2～0.3毫米，初期橙黄色，后变紫红色。若虫：初孵若虫体长0.4毫米，椭圆形，扁平，淡红褐色，孵后不久固定吸食，并开始分泌蜡丝，7～10天形成介壳，此后雌雄若虫形态分化。雄蛹：长1毫米，棕色，梭形。

3. 发生规律　1年发生1代，以受精雌成虫主要在1～2年生枝上越冬。翌春树体发芽时越冬雌虫开始吸食为害，虫体迅速膨大。雌成虫5月上、中旬开始产卵，北方产卵盛期为6月上、中旬至中、下旬，每雌成虫可产卵3 000粒，卵期10～24天。初孵若虫多爬到嫩枝、叶柄、叶片上固着取食，叶片上以正面叶脉处分布最多。8月初雌雄开始性分化，8月中旬至9月为雄虫化蛹期，蛹期8～20天，羽化期为8月下旬至10月上旬，雄成虫寿命1～5天，交配后死亡，雌虫陆续由叶转到枝上固着为害，至秋后越冬。有孤雌生殖现象，但子代均为雄性。

4. 防治方法

(1) 苗木检疫　做好苗木、接穗、砧木检疫消毒，防止该虫的扩散。

(2) 生物防治　保护和利用天敌，该虫的天敌有瓢虫类如七星瓢虫、红点瓢虫等、草蛉类如丽草蛉、叶色草蛉等、寄生蜂类如长盾金小蜂、夏威夷软蚧蚜小蜂、豹纹花翅芽小蜂、黄盾软蚧蚜小蜂等。

(3) 农业防治　结合冬季修剪，人工刮除或刷除越冬雌成虫，或剪除虫量较大的枝条，集中烧毁，消灭越冬虫源。

(4) 人工防治　冬季枝条上结冰凌或雾凇时，用木棍轻轻敲打树枝，虫体可随冰凌脱落。

(5) 化学防治　于萌芽前至萌动初期，喷布5%的机（柴）油乳剂100倍液，或3～5波美度石硫合剂；在卵孵化盛期喷布4.5%高效氯氰菊酯1 000～1 200倍液，混合300倍中性洗衣粉，或15%蓖麻油酸烟碱800～1 000倍液。喷布要细致周到，不漏枝，不漏叶。

(四) 红颈天牛

1. 分布及为害　该虫在各地均有发生。为害杏、桃、李和樱桃等树种。幼虫专门为害杏主干或主枝基部皮下的形成层和木质部浅层部分，同一部位可有多个幼虫为害，在为害部位的蛀孔外有大堆虫粪。当树干形成层被钻蛀成环后，整株树就会死亡。

2. 形态特征　红颈天牛［*Aromia bungii*（Faldermann)］属鞘翅目，天牛科。成虫：长28～37毫米，主体黑色，颈部棕红色是其主要特点，有光泽。前胸两侧各有一刺突，背面有瘤状突起。卵：长椭圆形，乳白色。幼虫：体长50毫米，白色。蛹：淡黄白色，羽化前黑色。

3. 发生规律　2～3年发生1代，以幼虫在树干蛀道内越冬。成虫在6月份开始羽化，中午多静息在枝干上，交尾后产卵于树干或骨干大枝基部的缝隙中，卵经10天左右孵化成幼虫，先在皮下为害，后逐渐深入韧皮部和木质部。

4. 防治方法

（1）人工捕捉　成虫出现期，利用其午间静息的习性进行人工捕捉。特别是在雨后晴天，成虫最多。另外，在果园内每隔30米，距地面1米左右挂一装有糖醋液的罐头瓶，诱杀成虫。

（2）涂白涂剂　成虫产卵前，在主干基部涂白涂剂（生石灰10千克、硫磺粉1千克、食盐0.2千克、兽油0.2千克、水40千克），防止成虫产卵。

（3）杀灭初孵幼虫　成虫产卵盛期至幼虫孵化期，在主干上喷布2.5%的功夫菊酯乳油3 000倍液。

（4）熏杀幼虫　4～9月份在发现有虫粪的地方，采用挖、熏、毒的方法，杀灭幼虫，药剂可用80%敌敌畏乳油50倍液，棉球蘸药液塞入排粪孔后，封死孔口。

（5）刮树皮　对主干、主枝刮皮，刮除虫卵。

（6）应用昆虫病原线虫斯氏线虫进行防治，以40 000条/毫升效果好。

（五）小蠹虫

1. 分布与为害　该虫在各地均有发生，是杏树上常见的毁灭性害虫。主要为害杏、李、桃、樱桃和梨等树种。该虫为钻蛀性害虫，以幼虫在树皮内为害，以成、幼虫蛀食枝、干韧皮部和木质部，并造成流胶，严重削弱树势，造成枝枯树死。受害的杏树树干上可见密集的虫眼即羽化孔。因在皮下为害，给防治带来一定的困难，应依据其生物学特性和发生规律，抓住薄弱环节适期防治。

2. 形态特征　小蠹虫（*Scolytus seulensis* Murayama）属鞘翅目，小蠹科。成虫：体长2.7～4.5毫米，身体黑色，鞘翅暗褐色有光泽。头短小，额面雄成虫平凹，雌成虫稍突起。触角锤状。身体密布细刻点，鞘翅上有纵刻点列、较浅。卵：乳白色，圆形，长约1毫米。幼虫：体长4～5毫米，乳白色、肥胖，略向腹面弯成"C"字形，无足。头较小黄褐色，口器色深。蛹：长短与成虫相似，初期乳白色，后逐渐变深。

3. 发生规律　1年发生1代，以幼虫在坑道内越冬。翌春老熟幼虫在子坑道端蛀圆筒形蛹室化蛹。羽化后咬圆形羽化孔爬出。成虫5～6月份出现，交配产卵，喜欢选择衰弱的枝干上蛀入皮层，在韧皮部与木质部之间蛀纵向母坑道，并产卵于母坑道两侧。卵分布在母坑道两侧卵室中的木屑内。成虫在树皮表面活动时间为12～21时，活跃高峰时间为16～17时。孵化后的幼虫分别在母坑道两侧横向蛀子坑道，似"非"字形，初期互不相扰，虫道近于平行，随虫体增长坑道弯曲成混乱交错状。开始取食量很小，后随着龄期的逐渐增大取食量加大，为害也加重，此时可见坑道内排泄的大量粪便和木屑。秋后主要以幼虫在坑道端越冬。

4. 防治方法

(1) 农业防治　加强综合管理，增强树势可减少发生和为害；结合修剪和日常管理，彻底剪除虫枝、衰枝枯枝，及时刨除枯死树，集中烧毁。

(2) 人工防治　刮树皮、涂白涂剂（生石灰5千克、食盐0.1千克、动物油0.1千克、硫磺粉0.3千克，水适量）防止成虫产卵。

(3) 生物防治　主要天敌有寄生蜂、白僵菌、寄生螨和蚂蚁等，保护天敌可抑制此虫蔓延。幼虫孵化盛期，投放寄生蜂100对/公顷，效果好。

(4) 诱杀成虫　成虫出树前，田间放置半枯死或剪下的大树枝，诱集成虫产卵，产卵后集中烧毁。

(5) 化学防治　于成虫出树后至产卵前喷布80%敌敌畏乳油1 500倍液，或25%敌杀死1 500倍液，重点是枝干；于成虫出树前用1 000倍乐斯本或速扑杀药泥涂抹树干；对已遭蛀食的杏树，用高压注射器向树干内压注80%敌敌畏乳油500倍液等杀虫剂，用药量（毫升）与树干周长（厘米）相等。

（六）山楂红蜘蛛

1. 分布与为害　山楂红蜘蛛又叫红蜘蛛、火龙，山楂叶螨等，在各地均有发生。为害桃、杏、李、苹果和山楂等树种。该虫常群集在叶背为害，并吐丝拉网。早春出蛰后，雌虫集中在内膛为害，形成局部受害现象，后渐向外围扩散。被害叶的叶面出现失绿斑点，逐渐扩大成红褐色斑块，严重时叶片焦枯，早落，影响树势和花芽分化，造成减产。

2. 形态特征　山楂红蜘蛛（*Tetranychus viennensis* Zacher.）属蜱螨目，叶螨科。成虫：椭圆形，背部隆起，越冬雌虫鲜红色，有光泽，夏季雌虫深红色，背面两侧有黑色斑纹。卵：球形，极小，淡红色或黄白色，有光泽。幼虫：乳白色，圆形，有3对足。若虫：卵圆形，绿色，有4对足。

3. 发生规律　1年发生6～9代。以受精雌成虫在树皮的缝隙中、芽鳞、树干附近的土块下、落叶杂草丛中等处越冬。越冬成虫当平均气温达到9～10℃时（杏花芽萌动）出蛰，先为害花芽，展叶后转移到叶背吸食汁液，吐丝结网。5月下旬至6月上旬雌成虫进入产卵盛期，卵多产在叶背的叶脉两侧，10天后孵化为幼虫。6月中旬至7月上旬，为第一代雌成虫发生盛期，虫口密度最大，为害最严重。高温、低湿的气候条件最适其繁殖，发生数量和代数随气温的升高而迅速增加。虫体可随风雨传播，暴雨、浇水或降温则繁殖受到抑制。叶片枯黄时雌成虫进入越冬状态。

4. 防治方法

(1) 农业防治　加强杏园管理，翻耕树盘，清理杂草和落叶；早春发芽前仔细刮除树干及大枝上的翘皮，集中烧毁或深埋，消灭部分越冬雌成虫。

(2) 生物防治　红蜘蛛的天敌有东方植绥螨等，应注意保护。

(3) 化学防治　萌芽前至芽萌动初期喷布 3～5 波美度石硫合剂，消灭越冬成虫。在越冬成虫出蛰期喷布 0.3～0.5 波美度石硫合剂，消灭成虫于产卵之前；在第一代幼虫孵化期，喷布 1.8%齐螨素乳油 4 000～5 000 倍液，或 0.3%苦参碱水剂 800～1 000 倍液，或 15%哒螨灵 2 000～3 000 倍液。喷药时加入 800～1 000 倍中性洗衣粉，效果更佳。

(七) 桃蚜

1. 分布及为害　桃蚜又名桃赤蚜、桃缘蚜、烟蚜、菠菜蚜，俗称腻虫、蜜虫等。该虫在东北、华北和西北地区均有发生，主要为害杏、桃、李和苹果等树种。以成、若虫群集在芽、叶、嫩梢上刺吸汁液，被害叶片向背面呈不规则卷缩，影响新梢生长和花芽形成，果实受害后生长受阻，果个小。其排泄的蜜露，污染叶面和果面。

2. 形态特征　桃蚜 (*Myzus persicae* Sulzer)，属同翅目，蚜科。成虫：有翅胎生雌蚜体长 1.8～2.1 毫米，头、胸、腹管、尾片均黑色，腹部淡绿至褐色变异较大。无翅胎生雌蚜体长 1.4～2.6 毫米。体色绿、青绿、黄绿、淡粉红和红褐色。额瘤明显，其他特征同有翅胎生雌蚜。卵：长椭圆形，长 0.7 毫米。初期淡绿色，后渐变黑绿色，最后呈黑色。若蚜：似无翅胎生雌蚜，淡粉红色，体小。有翅若蚜胸部发达具翅芽。

3. 发生规律　北方地区 1 年发生 20 代以上，生活周期类型属乔迁式。以卵在树枝的芽旁、树皮缝和小枝杈等处越冬。翌年杏树萌芽时，越冬卵孵化，先群集在花芽上，花芽开放后又转到花、叶片和嫩梢上为害，并不断进行孤雌生殖，胎生小蚜虫。5 月上旬繁殖最快，为害最盛，并产生有翅胎生雌蚜，迁飞到烟草、棉花、马铃薯、白菜、十字花科等植物上为害繁殖。5 月中旬以后杏、桃等冬寄主上基本绝迹。9～10 月份产生有翅蚜，迁回到杏、桃等冬寄主为害繁殖，并产生有性蚜，交配后产卵越冬。

4. 防治方法

（1）农业防治　冬剪时剪除带卵枝条，刮树皮，集中烧毁。

（2）生物防治　桃蚜的天敌有瓢虫、食蚜蝇、草蛉和蜘蛛等，对蚜虫有很强的抑制作用，要尽量少喷药，以利保护天敌；杏园行间或附近，不宜种植烟草和白菜等植物，以减少蚜虫的夏季繁殖场所。

（3）化学防治　在蚜虫为害前期（杏树开花前后，最晚在卷叶前），喷布10%吡虫啉可湿性粉剂3 000～5 000倍液，或10%扑蚜虱3 000～5 000倍液，喷药要及时、细致、周到，一般喷1次药即可控制。也可用0.3%苦参碱水剂800～1 000倍液，或10%烟碱乳油800～1 000倍液。在药液中加入800倍的中性洗衣粉能增加防治效果。

（八）舟形毛虫

1. 分布与为害　该虫各地均有发生，为害杏、苹果、梨和山楂等树种。以幼虫取食叶片为害。初龄幼虫群集于叶背面啃食叶肉，仅剩表皮和叶脉，被害叶成网状，幼虫稍大则咬食全叶，仅留叶柄。严重时把叶片吃光，造成二次开花。

2. 形态特征　舟形毛虫［*Phalera flavescens*（Bremer et Grey）］属鳞翅目，舟蛾科。成虫：体长22～25毫米，翅展49～52毫米，黄白色，前翅基部有1个、近外缘有6个大小不一的椭圆形斑纹，中间部分有4个淡黄色曲折的云状纹。卵：球形，直径约1毫米，初期淡绿色，近孵化时呈灰褐色。老熟幼虫：体长50毫米，头黑色，胴部紫黑色，腹面紫红色，体上有黄色长毛。静止时，头尾上翘似舟形。蛹：体长约23毫米，暗红褐色，全体密布刻点，尾端有4个或6个臀棘，中间两个粗大。

3. 发生规律　1年发生1代。以蛹在树冠下的土中越冬。翌年6月中旬至8月中旬羽化为成虫。7月中、下旬为羽化盛期，多在夜间羽化，雨后拂晓出土最多。成虫有较强的趋光性和假死

性。卵产于叶背，数十或数百粒密集成一块。卵期6～13天。幼虫孵化后，群集于叶片背面，不取食也不活动，头向叶缘排列成行，由叶缘向内啃食。低龄幼虫受惊扰或震动时，成群吐丝下垂。幼虫长大后分散为害，食量剧增，常把整枝叶片吃光。早、晚取食，白天不活动。一般在9月份老熟幼虫入土化蛹越冬。

4. 防治方法

（1）农业防治　结合秋翻或刨树盘消灭越冬蛹。

（2）人工防治　利用幼虫受惊吐丝下垂和群居的习性，进行人工捕杀或及时剪除有虫枝或虫叶。

（3）生物防治　在7月中、下旬卵发生期，释放赤眼蜂灭卵，效果好；老熟幼虫入土期地面撒白僵菌，撒后耙入土中。

（4）化学防治　发生严重时，可喷布80%敌敌畏乳油1 000倍液，或15%高效氯氰菊酯1 500倍液。

（九）天幕毛虫

1. 分布与为害　天幕毛虫又叫天幕枯叶蛾、带枯叶蛾、顶针虫、杏毛虫、毛毛虫、黏虫等，各地均有发生。为害杏、桃、李、苹果和梨等，食性很杂，但以为害杏叶为主。幼虫刚孵化时群集于一枝，吐丝结成网巢，食害嫩芽、叶片，随长大渐向下移至粗枝上结网巢，白天群栖巢上，夜出取食，5龄后期分散为害，严重时把全树叶片吃光。导致树势衰弱，造成减产。

2. 形态特征　天幕毛虫（*Malacosoma neustria testacea* Motschulsky）属鳞翅目，枯叶蛾科。成虫：雌虫体长20毫米左右，翅展40毫米左右，黄褐色，前翅中央有一条赤褐色横带，其两侧有淡黄色细线。雄虫稍小，黄白色，翅展30毫米左右，前翅中部有两条深褐色横线。卵：圆筒形，灰白色，200～300粒环绕在小细枝上，粘结成一圈呈“顶针”状。幼虫：体长53毫米左右，头蓝色，有两个黑斑，体上有十多条黄、蓝、白、黑相间的条纹。蛹：椭圆形，长约19毫米，上有淡褐色短毛。茧：黄白色，表面附有灰黄粉。

3. 发生规律　北方地区1年发生1代。以完成胚胎发育的幼虫在卵壳内越冬。翌春杏展叶时（日均温11℃）幼虫钻出卵壳先为害卵附近的芽和嫩叶，幼虫稍大后转到枝杈处，吐丝结网成天幕状，故名天幕毛虫。幼虫于夜间活动取食，4龄后分散至全树为害，食量极大。幼虫期45天左右，蛹期10～15天，成虫于夜间活动，有趋光性。该虫的主要天敌有赤眼蜂、姬蜂、绒茧蜂等。

4. 防治方法

（1）农业防治　冬剪时剪除带卵块枝条，集中烧毁或深埋。

（2）生物防治　保护和利用天敌寄生蜂，可于冬剪时将带卵块小枝段放入天敌保护器中，使卵寄生蜂羽化飞回杏园。

（3）利用其假死性，震动枝干，消灭群集幼虫。

（4）化学防治　虫口密度大时，在幼虫期喷布25%的灭幼脲2 000倍液，或25%敌杀死2 000～3 000倍液，或4.5%的高效氯氰菊酯1 500倍液。

（十）东方金龟子

1. 分布与为害　东方金龟子又名黑绒金龟子、天鹅绒金龟子。名地均有发生，食性杂，为害杏、桃、李和苹果等树种。以成虫食害嫩叶和花蕾，突发性强，对新植幼树为害极大，1～2天内可将嫩叶全部吃光，严重影响幼树的生长发育。

2. 形态特征　东方金龟子（*Maladera orientalis* Motsch.）属鞘翅目，鳃金龟科。成虫：体长7～8毫米，卵圆形，全身黑色，前胸背板和翅上密布刻点，被灰黑色短绒毛。卵：椭圆形，长1毫米左右，乳白色，有光泽。孵化前色变暗。幼虫：体长16毫米，乳白色。蛹：裸蛹，长约8毫米，初期为黄白色，后期为黄褐色。

3. 发生规律　1年发生1代。以成虫或幼虫在土中越冬。越冬成虫于翌年杏树萌芽时出土，为害花蕾和嫩叶。前期因温度较低活动力弱，昼出夜伏。后期（4月上、中旬）气温升高后，昼伏夜出，傍晚外出取食，白天钻入土中。当半旬平均温度超过10℃，又有一定降雨量时，成虫大量出土为害。成虫有假死性，受震动则坠地装死不动，顷刻又恢复活动，继续为害。越冬幼虫在4月中、下旬化蛹，5月至6月份羽化。成虫在6月上旬至7月中旬交配，产卵于土中。卵经10多天孵化，并在8～9月份老熟化蛹，羽化后，新成虫不出土即潜伏越冬，后期卵孵化的幼虫，也在土中越冬。

4. 防治方法

（1）人工捕杀　利用成虫的假死性，在早、晚震落捕杀。也可利用成虫入土潜伏的特性，于日出后在树干周围刨寻成虫捕杀。还可利用成虫的趋光性，在成虫发生期设置黑光灯诱杀。

（2）化学防治　在成虫出土盛期，于树盘内撒施毒土。可用25%辛硫磷胶囊剂，或50%辛硫磷乳剂等。每株用20～25克，撒时掺土配成20～30倍毒土，撒后浅锄。成虫出土期间，也可全树喷布75%的辛硫磷1 000倍液。

（十一）杏仁蜂

1. 分布及为害　该虫在辽宁、河北、河南、山西、陕西和新疆等地的杏、桃产区均有发生，为害杏和桃等树种。以幼虫蛀食正在发育的种仁，被害果实逐渐干缩呈黑灰色僵果，大部分早期脱落，杏仁蜂是杏树上的主要害虫。

2. 形态特征　杏仁蜂（*Eurytoma maslovskii* Nikolskaya）属膜翅目，广肩小蜂科。成虫：雌成虫体长7～8毫米，黑色，各足腿节端部、胫节两端、跗节均呈黄至褐色，前翅透明稍带褐色；后翅无色透明。头、胸部密布白色细毛和刻点。腹部肥大近纺锤形。卵：长0.35毫米，长椭圆形，略弯，乳白色。幼虫：长6毫米，乳白色，纺锤形稍扁，向腹面弯曲，无足，头浅黄色，大部缩入前胸内。蛹：长6～8毫米，略呈纺锤形，乳白至黑色。

3. 发生规律　1年发生1代，以老熟幼虫在被害果里越冬。

4月上、中旬至5月上、中旬化蛹，4月中、下旬至5月上旬为盛期，蛹期15天，田间5月中、下旬成虫初现，5月下旬至6月上旬盛发，卵产于核尚未硬化的幼果内，1个果内只产1粒，每雌成虫可产卵100多粒。幼虫蛀食杏仁40多天，至7月中、下旬老熟，幼虫即在果核内越冬。

4. 防治方法

（1）彻底清除落杏、干杏。秋、冬季收集园中落杏、杏核，并振落树上僵杏，集中深埋或烧毁，可基本消灭杏仁蜂。

（2）农业防治　结合果园秋、冬季耕翻，将虫果埋在土中，可防止成虫羽化出土。

（3）用水选法淘汰漂浮于水面的被害杏核，集中销毁。

（4）化学防治　成虫羽化期，在地面每株撒3%辛硫磷颗粒剂250～300克，或25%辛硫磷胶囊30～50克，或50%辛硫磷乳油30～50倍液，撒药后浅耙，使药土混合。落花后树体喷布20%速灭杀丁乳油3 000倍液，或20%杀灭菊酯乳油3 000倍液，消灭成虫，防止产卵。

（十二）杏象甲

1. 分布与为害　杏象甲又名杏象虫、象鼻虫、杏果象虫、杏虎象、桃象甲等。各地均有发生。主要为害杏、桃、李、梨和苹果等树种。以成虫食害芽、嫩枝、花和果实，成虫产卵时咬伤果柄，造成大量落果。幼虫孵化后于果内蛀食果肉。

2. 形态特征　杏象甲（*Rhynchites faldermanni* Schoenherr）属鞘翅目，卷象科。成虫：体长7～8毫米，椭圆形，紫红色，有金属光泽，全身密布刻点和细毛。口器细长，管状略下弯，约为体长的1/2。卵：长0.8毫米，椭圆形，乳白色。幼虫：体长8毫米，乳白色至淡黄白色，无足，常向腹面弯曲。蛹：裸蛹，长6毫米，椭圆形，密生细毛，尾端有褐色刺1对，初期乳白色，后渐变黄褐色，羽化前红褐色。

3. 发生规律　1年发生1代，以成虫在土中、树皮缝和杂草

内越冬，翌年杏、桃开花时出现，雨后常集中出土。成虫喜欢在8～16时（11～14时更活跃）到树上咬食嫩芽、嫩叶和花蕾，受惊时假死落地。5月中、下旬在幼果上产卵，产前先将幼果咬1个小孔，再将产卵器插入孔内，每孔产1粒，然后用黏液覆盖孔洞（干后呈黑点），而后将果柄咬伤。每雌虫可产卵20～85粒。卵7～8天孵化出幼虫，幼虫在果内蛀食果肉及果核。受害果常脱落，老熟幼虫从果内爬出入土化蛹，秋末羽化为成虫在树皮缝、土缝和杂草中越冬。

4. 防治方法

（1）人工捕杀成虫和幼虫　成虫出现期，清晨振树，利用其假死性进行人工捕杀；及时拣拾落果，集中深埋，消灭幼虫。

（2）化学防治　成虫发生期，喷布15%高效氯氰菊酯1 500～2 000倍液，或20%杀灭菊酯2 000～3 000倍液，或80%敌敌畏乳油1 000倍液。

（十三）桃小食心虫

1. 分布与为害　桃小食心虫又名杏蛆、桃小、桃蛀虫等。北方各地果区均有发生，为害枣、桃、杏、苹果、梨、山楂等仁果类和核果类果树。以幼虫为害新梢和果实，但食叶量小。幼虫在果内绕核串食果肉，将粪排在果内（称豆沙馅）。果顶有明显的蛀孔，孔的周围呈淡褐色，并略凹陷，有的果实伴有流胶。严重损害果品质量。

2. 形态特征　桃小食心虫（*Carposina niponensis* Walsingham）属鳞翅目，蛀果蛾科。成虫：体长7～8毫米，翅展14～16毫米。灰黄色，前翅近中央处有一个近三角形蓝色大斑。卵：椭圆形、橙红色，上有条纹和刺毛。幼虫：长12～15毫米，粗胖，橘红色或桃红色，前胸背板深褐色。蛹：长7毫米，初淡黄色，近羽化时灰褐色。茧：有越冬茧和化蛹茧（夏茧）之分，越冬茧扁圆形，长约6毫米，化蛹茧长纺锤形，长13毫米左右。茧均为丝质，外边附着土粒。

3. 生活习性　北方地区1年发生1～2代，以老熟幼虫做冬茧，在树下土内、梯田壁、堆果场土内和根颈部越冬。5月中旬幼虫开始出土，6月上、中旬为出土盛期，幼虫出土后在树干附近石缝、土缝、杂草根旁结茧化蛹，6月中旬成虫出现，6月下旬为羽化盛期，成虫昼伏夜出，交尾产卵，卵多产于梗洼处，6～7天后孵化。幼虫在果面爬行约半小时后，蛀入果内，蛀孔很小。幼虫在果肉内蛀食，并不断排放虫粪于蛀道内。严重时，整个杏核均被虫粪包围。20天后幼虫老熟，脱出果外，落于地上，入土结茧。此时大多数杏品种已经成熟，幼虫会随果实下树。8月中旬以前脱果的，可继续繁殖第二代，多在晚熟品种的果实上为害。8月中、下旬为害严重，9月上旬以后继续脱果，入土结茧越冬。越冬茧多在树干周围1米以内的10厘米土下，以根颈周围最多。后期世代重叠，应注意观察和防治。天敌以桃小食心虫甲腹茧蜂和中国齿腿姬蜂的寄生率较高。寄生菌主要是白僵菌。

4. 防治方法　防治桃小食心虫应做好地面和树上两方面的防治。

(1) 拣拾落果　将带虫落果深埋或烧毁。

(2) 秋、冬深翻树盘　消灭越冬茧或于幼虫出土前，在树干周围覆盖地膜。

(3) 药剂处理土壤　越冬幼虫出土期，可用25%辛硫磷胶囊剂或50%辛硫磷乳油50～90倍均匀喷洒于树冠下，施药后及时耙土以防光解，均能取得良好的效果。天降透雨后2～3天用药，效果更佳。

(4) 化学防治　于成虫羽化产卵和幼虫孵化期喷布30%桃小灵乳油2 000～2 500倍液，或4.5%高效氯氰菊酯乳油1 500～2 000倍液，或75%辛硫磷乳油1 000倍液，或20%灭扫利乳油4 000～5 000倍液。

(5) 生物防治　可喷布灭幼脲3号胶悬剂1 500～2 000倍

液，或Bt乳剂100～200倍液，或释放赤眼蜂3次，隔5天1次，每株放有效蜂1 000～2 000头。

(6) 为了及时掌握成虫出现时期，可利用性诱剂进行虫情测报。

(十四) 桃蛀螟

1. 分布与为害　桃蛀螟又叫桃蛀野螟、桃蠹螟、桃斑蛀螟、豹纹斑螟、桃实螟、桃蛀虫等。各地均有发生。除为害杏外，还为害桃、李、山楂、苹果、梨和柿等树种，食性很杂。以幼虫蛀食杏肉和种子，向被害果内外排积粪便，常造成果实变色、腐烂和早期脱落。

2. 形态特征　成虫：体长12毫米，翅展22～25毫米，体色黄至橙黄，翅表面具许多黑斑点似豹纹。前翅25～28个黑斑点，后翅15～16个黑斑点。卵：椭圆形，长0.6毫米，宽0.4毫米，初期乳白，后渐变橘黄至红褐色。幼虫：体长22毫米，体背多种颜色，有淡褐、浅灰、浅灰蓝、暗红等色，但腹面多为淡绿色。前胸盾褐色，臀板灰褐。蛹：长13毫米，初期淡黄绿后变褐色，臀棘细长，末端有曲刺6根。茧：长椭圆形，灰白色。

3. 发生规律　桃蛀螟（*Dichocrocis punctiferalis* Guenée）属鳞翅目，螟蛾科。北方地区1年发生2～3代，以老熟幼虫在杏树等的粗皮缝中、玉米、向日葵、蓖麻等残株内结茧越冬。翌年4月下旬至5月化蛹，蛹期20～30天，各代成虫发生期为：越冬代5月下旬至6月下旬，第一代7月中旬至8月下旬，第二代8月下旬至9月下旬。卵期7～8天。非越冬幼虫期20～30天，1、2代蛹期10天左右。成虫昼伏夜出，喜食花蜜和吸食成熟果实的汁液，对黑光灯和糖醋液趋性较强。产卵于枝叶茂密处的果上或相邻果的缝隙处。每雌虫可产卵数十粒。初孵幼虫先在果梗、果蒂基部吐丝蛀食、蜕皮后从果梗基部蛀入果心，食害果肉，一般1果内有1～2头。该虫有转果习性。老熟后于果内、果间、果台等处结茧化蛹。第一代卵主要产在杏和桃等核果类果树上，早熟品种卵较多。第二至三代卵多产于梨、柿等和农作物上，幼虫为害至9月下旬陆续老熟，寻找适当场所结茧越冬。天敌有黄眶离缘姬蜂和广大腿小蜂。

4．防治方法

（1）消灭越冬代幼虫　在越冬幼虫化蛹前处理向日葵、玉米、蓖麻等寄主植物的残体。

（2）诱集越冬幼虫　在幼虫越冬前树干绑草把诱集越冬幼虫。冬季刮除老翘皮，连同杂草集中处理，消灭其中幼虫。

（3）物理防治　利用桃蛀螟的趋性，设置黑光灯和糖醋液诱杀成虫。

（4）生物防治　保护和利用天敌。喷洒苏云金杆菌75～150倍液或青虫菌液100～200倍液。

（5）农业防治　及时摘虫果、清理落果，集中处理，消灭其中的幼虫和蛹。

（6）化学防治　在卵盛期至孵化初期喷布50％辛硫磷1 000倍液，或25％灭幼脲1 500～2 500倍液，或20％杀灭菊酯2 500倍液，或2.5％功夫2 000～2 500倍液。

（7）为了及时掌握成虫出现时期，可利用性诱剂进行虫情测报。

第十一章　杏果的无公害采收、贮运、保鲜和加工

一、采收

杏果的采收是杏树生产中最主要的一项农事活动，也是连接生产和消费的重要环节。它不仅直接影响着当年的杏果产量和质量，也决定着生产经营的经济效益。因此，采收工作是整个杏生产和经营的重要步骤，是一项复杂而细致的工作。其中既有一系列技术问题，也涉及周密的劳力组织工作。由于杏本身的生物学特性决定了杏果成熟期集中且正值炎热夏季，果实又柔软多汁，具有不耐贮运的“热货”性质，因此，更使采收问题显得特别突出和重要。

（一）采收时间

合适的采收时间，既可以保证获得最高的杏果产量，又可保证有良好的杏果质量，还会减少经营过程中的损失。采收时间的确定，一般取决于品种的成熟期、果实的消费方向（鲜食，加工；当地市场出售，远销外地或出口等）、天气条件和运输方法等。

1. 鲜食杏的采收适期　鲜食杏一般在杏果实达到采收成熟度时即可采收。此时的标志是杏果达到了本品种所固有的大小，果面绿色基本退尽，果实向阳面呈现出本品种所固有的色调和色相，果肉仍保持坚硬，但营养物质的积累已经达到了足够的程度。用于远销外地和出口的杏果，应当于此时采收，以便有足够的时间进行包装和运输。当到达消费市场时，果实品质也达到了最佳状态。而用于当地市场消费，特别是用于鲜食的杏果，应当等果实达到消费成熟度时再采收，此时，杏果不仅在外观上达到了品种所固有的大小和颜色，也出现了品种所特有的风味和香气，果肉由硬变软。一般消费成熟度比采收成熟度晚 3～5 天。在有良好的运输条件和接近市场的情况下，应当尽量在果实达到消费成熟度时采收，因为此时采收可以有更大的果实重量和更好的果实品质，更受消费者欢迎。在运输条件较差的情况下（道路崎岖不平，运输工具不良），则宜提前到采收成熟度时采收，以减少损失和污染。

2. 加工用杏的采收适期　用于加工的杏果，其采收的时间应根据加工方向的不同而定。用于制作“青梅”的杏，可在果实硬核后，绿色尚未退去时（五六成熟）采收。做杏话梅的杏果也可稍早（果实七八成熟）采收。而用于制作糖水罐头和杏脯的杏果，不宜采收过早或过晚，应在绿色退尽、果肉尚硬（果实八成熟）时采收。此时既便于切分和煮制，也有利于保持杏果的固有风味。采收过早，果面绿色影响加工品的外观品质；采收过晚，则杏果在加工过程中不易保持形状，损失也较大，会增加成本，降低经济效益。做果酱用的杏果，可较制脯和制罐用杏稍晚（果实八九成熟）采收，但也不能过晚。过熟的杏果，由于淀粉含量的降低，果胶转变成果胶酸，有机酸含量下降，不利于形成凝胶状，从而影响果酱的质量。用于熏制杏干的果实，也应在杏达到八九成熟时采收，不宜采得过晚，否则会增大加工过程中的损失。用于制作果汁和果丹皮的杏果应于果实充分成熟时采收。

3. 仁用杏的采收适期　仁用杏应等果实达到生理成熟度时采收，即果面变黄，肉质松软，果肉淡而无味，果实自然裂口，种子已充分成熟。采收过早，会影响杏仁产量和质量；采收过晚，杏果会自然脱落，容易使杏肉腐烂，侵蚀种仁，使种仁变

质，或遭遇暴雨被雨水冲失，造成经济损失。

4. 采收时段　杏果的具体采收日期确定之后，在采收当日何时进行采摘，也是值得注意的问题。一般应以露水退尽后开始采摘。否则，果面沾有露水，不仅会使其污染，而且会因湿度大而加速杏果的呼吸作用。这样既容易失重，还容易造成腐烂。杏成熟期正值高温季节，中午日晒甚烈，也不宜采摘杏果。否则，大量过热的杏果集中在一起，会使果实出现呼吸跃变，不仅损失重量，而且会导致过熟，使其丧失贮运能力。一般以晴天的上午露水退去后到 12 时和下午 16 时以后采摘为宜。

（二）采收方法

1. 肉用杏的采收　肉用杏（鲜食杏和加工用杏）多以手工采摘为主。尤其是以鲜果供应市场或用于出口的杏果，为了保证果面的色泽和完整无损，应采用手工采摘。手工采摘以前，应对采收人员进行培训，注意保护果实，并要求不伤及果枝和叶片。采摘时，应尽量使用高凳，减少上树的人数及次数，以避免树体的人为伤害。更不可强弯和重压大枝，以免引起大枝断折，造成不必要的损失。

手工采摘时，最好使用采果篮，里边垫上柔软洁净的衬料，杏果要轻放，收集杏果以不易变形的木箱和果箱等为宜。一株树应自下而上，由外向内依次采收。一株树采完后，将果箱置于树阴下，使杏果自行散热。等全部采完后用车集中运送到分级包装场。

目前，在国外和国内城镇近郊均已出现了“自采”杏园。管理人员发给顾客采果篮，由顾客自己采摘杏果，出园时计量收费。这种杏园自采方式，既可减轻经营者采收的负担，又满足了大城市居民的旅游和自采快乐，是一种深受居民欢迎的销售方式。

2. 仁用杏的采收　仁用杏可采用人工采摘，或摇枝震落，还可用杆子将果实轻轻敲落。敲打时注意不可敲伤树体和打落叶片。杏果收集在容器内运送到场地，捏出杏核。仁用杏还可采用机械化采收法。

二、杏果的分级、包装和运输

（一）选果场地

采摘下的杏果，在选果场按品种进行分级和包装。在较大的商品性杏园，选果场宜建在杏园中心，靠近主干道，以便于运输。较小的杏园则可在地头临时搭起帐篷，或在树下进行。选果场应准备磅秤、量果板和包装材料等。

（二）分级

分级包装应建立在科学管理、合理用药、果实农药残留量达到国家（或地方）标准的基础上。分级的目的在于剔除伤残果、病虫果和畸形果，并按果实的大小和着色程度，将杏果分成不同的等级，以便于包装、运输和销售，提高杏果的市场竞争能力和获得较高的经济效益。

目前，国际上一般将杏果分为三级，即特级、一级和二级。特级果要求直径在40毫米以上，具有品种的特定色泽和形状；一级果的直径在30毫米以上。特级果和一级果均要求果面光洁，没有暗伤和伤疤。二级果的直径要求在20～30毫米之间，具有品种固有的外观特征，允许有轻微的暗伤和少许伤疤。病虫果、畸形果和严重伤残果均不入级。目前，多以人工分选为主，大型专业杏园可设专门的选果机。

（三）包装

良好的包装，不仅可以减少杏果在转运途中的损失，还有助于保持和增进果实品质。一般情况下，包装与分级是同时进行的。用于远销和出口的杏果，应选用良好的包装材料；以有瓦楞纸分隔的硬壳纸箱为宜。其常用规格为55.0厘米×35.0厘米×11.1厘米，箱侧有圆形通气孔，以利于散热。每箱装杏果5～6千克。特级和一级果在装箱时，每果宜用薄纸单独包裹，以确保

其在运输和搬动中完好无损。用于附近市场鲜销的杏果，也应有适当的包装。其包装箱可比上述的大一些，以每箱装杏8～10千克为宜。国际上，多采用板条箱直接将已分好级的杏果运至市场销售。因杏果柔软多汁，果面极易碰伤，经不起多次倒换容器，故以分级后直接运送到市场为好。为便于销售和顾客购买，可用特制的带孔小塑料包装盒，每盒装0.5～1千克杏果。每10盒装一箱，再由汽车直接运送到市场。这样，可以减少中间环节，既减少损失，又减轻污染，还便利顾客购买。

（四）运输

杏果成熟后柔软多汁，经受不住运输中的挤压碰撞，因此杏被认为是“没有腿的”水果，往往给经营者带来不小的损失，这就在很大程度上限制了杏的发展。为了使杏果在运输中的损失降之最低，同时减少污染，除了应选择合适的园址，在交通方便的地方建园外，采取合适的运输方法，也是必要的。由树下将杏果集中到选果场，尽量使用胶轮手推车或拖拉机等具减震效果的小型运输工具。因此时的包装多是临时性的，故不宜在一车上装得过多，也不宜重叠装运。在选果场装箱，也不应装得过满；以装到距箱缘3～4厘米处为限，以免上下挤压。箱内杏果应彼此紧贴，这样才不会左右摇晃。用汽车运输时，应避免一车装得太多，而且汽车不可高速行驶，以免遇到情况急刹车时，大量挤压杏果，造成严重损失。尽管我国的农村道路状况目前有所改善，但尚不理想，故应在运杏之前，对所经路途检查一遍，将其坑凹处填平，务使运杏车辆不致发生严重的摇晃和震动，从而将损失减少到最低限度。

运杏的汽车应配盖苫布，以防止太阳直晒，避免增温过高和落满灰尘。

当前，最理想的运输方式是用冷藏车运输。每个冷藏车厢可装5～6吨杏果，在0～5℃的低温条件下，运输3～5天不致失重，并且仍然保持杏果的新鲜品质。

三、杏果的贮藏保鲜

（一）杏果贮藏保鲜的意义

杏果成熟期比较集中。在我国大部分杏产区，杏果一般在5月中、下旬至7月下旬成熟，杏果供应期只有60～70天的时间。具体到一个地区，鲜食供应时间更短，仅30～40天。杏果熟期过于集中，一方面使新鲜杏果不能周年供应市场，另一方面又使加工部门一时难以“消化”。杏果极不耐贮存，一般品种在自然条件下只能存放3～4天，时间过长，杏果会丧失鲜食和加工品质。若杏果在短时间内不能售出和加工，就会腐烂变质，使生产者和经营者遭受损失。因此，除了栽植不同成熟期的品种之外，设法在杏成熟时将一时不能销售和加工的杏果，进行保鲜贮藏，对于延长杏果供应期，缓解加工厂的周期性紧张，减少损失，增加收益，有很大意义。

（二）影响杏果贮藏保鲜的主要因素

影响杏贮藏保鲜效果的环境因素主要有温度、湿度和气体成分。适宜的温度不但可以延长果实的贮藏时间，还可以保证果实的质量。温度过高会加快果实的呼吸作用，使其很快后熟软化；温度过低会使果实产生冷害。湿度过高，易引起腐烂，加重冷害的症状；湿度过低，会引起过度失水、失重。在温、湿度等其他条件相同情况下，适宜的气体成分（氧气含量、二氧化碳含量和乙烯含量）可有效地抑制微生物的活动，防止或减缓果实的软化和腐烂。

杏果的成熟度、采收期、品种的耐贮性和采收技术等均影响杏果的贮藏寿命。此外，还有地域、气候和栽培技术等。

杏不同品种间的耐贮性差异很大。一般早熟品种不耐贮运，中晚熟品种的耐贮运性较好。

果实采摘期是影响果实贮藏期间质量、品质和贮藏寿命长短的最主要因素之一。若果实采摘过早，会降低后熟后的风味，且

易受冷害；采摘过晚，则果实过于柔软，易受机械伤，腐烂严重，不利贮藏。因此，掌握适宜的采摘期，既让果实生长充分，基本表现出其品种的色、香、味等品质，又能保持果实肉质紧密时采摘，是延长贮藏寿命的关键措施。采摘时要带果柄，若果实在树上成熟不一致时，要分次采摘。并要注意尽量减少机械伤。

杏在贮运中常发生的问题有过熟软化、病菌引起的腐烂和冷害引起的内部褐变与风味变淡等。

杏的过熟软化，主要是由于采摘过迟，果实过于成熟，再就是由于采收季节气温较高，未能及时预冷或迅速放入冷库降温贮藏引起的。防止杏过熟软化的主要措施有：①果实在七八成熟时采收，以保证其最适宜的硬度；采用衬软物，减少果实受挤压。②产地及时预冷。③尽快入库，并将果实温度降至适宜的贮藏温度。

（三）贮藏环境要求和卫生管理

贮藏室必须建在环境良好，无任何污染的地带，所处地的环境大气质量应符合 GB 3095—1996《环境空气质量标准》中规定的二级以上标准要求。

贮藏室要远离垃圾场、医院 500 米以上；离喷洒化学农药的农田 500 米以上；离交通主干路 50 米以上；离排放“三废”的工矿企业 1 000 米以上。贮藏室尽可能远离居民区，附近不能嗅到异味和臭味。严禁与有异味物品混藏。注意防治鼠害。

贮藏期间 15 天开箱检查一次，拣出烂果。

（四）贮藏方法

目前最有效的贮藏保鲜技术是低温贮藏，即将杏果置于冷库中保存。低温可以降低杏果的呼吸强度、抑制微生物的活动、保持杏果的新鲜状态。根据国内外的经验，低温贮藏可使新鲜杏果保存 30～40 天。将气调贮藏和低温贮藏相结合，可更加有效地延长杏果的贮藏期，新鲜杏果可贮藏 50 天。

1. 预冷　预冷的目的是迅速降低果品温度，降低呼吸强度，减少消耗，同时使果品温度能够尽快地达到贮运的最适温度。因此，对于采摘下来的杏果，必须进行预冷降温处理。常用的预冷方法有风冷法、水冷法和自然冷却法。

（1）风冷法　即采用机械制冷系统的冷风机循环冷空气，借助热传导与蒸发潜热来冷却果品。风冷有强制冷风和库房冷却两种方式。强制冷风是把果箱垛好，然后抽风，让冷风从箱子空隙中进去，把热量带走。库房冷却是把果品箱放在冷库中，箱子间留有空隙，使果品冷却。风冷时，果品与冷风的接触面积越大，冷却速度越快；风速越大，降温速度越快。

（2）水冷法　又叫冰水冷却法，因为用水冷却果品时常加碎冰或用制冰机使水冷却。可用0.5～1.0℃的冷水，从果实上面淋下；也可将盛有果实的塑料周转箱，放入流动的水槽中，使其从进口处向出口处缓慢移动，让冷水将果实的热量带走。

（3）自然冷却法　在没有预冷设施的情况下，可采用自然低温冷却法使果实降温。要求在傍晚或清晨采收，避开气温过高的时段。如果在下午气温较低时开始采收，要将所采果实在树下散放一夜，第二天早晨趁果实温度低时将其装箱运输或入库。果实在大田过夜要预防蚂蚁等为害；还可以利用空房、地窖等阴凉处，存放杏果，避免阳光直射。

2. 杏果的贮藏

（1）低温贮藏　目前，生产上常用的库型是机械冷藏库。该冷库由钢筋混凝土构成的库体和由隔热材料构成的隔热层组成。库中的制冷装置由压缩机、凝结器、输液器和蒸发器组成。制冷剂有多种，常用的制冷剂有氨和氟利昂等。机械冷库的投资大，能源耗费多，一般要建立在电力供应有保证且交通方便的城市郊区或城镇。机械冷库的温、湿度容易控制，贮存效果较好。

杏在贮藏中的损失，最主要的是由腐烂变质所引起，其次是失重。因此，杏园要特别重视病虫害防治和采收技术，以保证杏果不受任何伤害。保持较高的相对湿度是减少杏果在贮藏过程中失重的重要措施。

经过预冷的杏果，要及时送入冷库。在头1～2天内，使温度保持在14～16℃，湿度在85%左右。

据研究和经验说明，杏果低温贮藏的温度适宜范围为－0.5～0℃，相对湿度为90%～95%。

杏果长期低温贮藏极易发生冷害，在－1℃以下就会引起冻害。因此，在贮藏杏果时，一定要注意冷库的温度管理。一般在0℃条件下贮藏3～4周，其果实易发生内部褐变，逐渐向外蔓延，使原有风味丧失。可采用间歇变温贮藏法减轻褐变的发生，方法是：果实在－0.5～0℃贮藏2周，升至18℃经2天，再转入低温下贮藏，如此反复。

从冷库中提取杏果时，应提前1～2天进行升温处理，使之达到15～18℃的状态（与外界保持6～8℃的温度差）。否则，直接由低温状态下将杏果取出，将会使杏果表面结霜，降低果品质量。

（2）气调贮藏　气调贮藏是将气调和低温贮藏相结合的一种贮藏方法，可更加有效地延长杏果的贮藏期，但最长也只可贮藏50天。气调贮藏的最佳环境温度为0℃，最适气体成分为二氧化碳含量2.5%～3%，氧气含量2%～3%，气调贮藏对于未熟果和过熟果的保鲜作用更为明显。但在温度0℃左右、氧气3%、二氧化碳5%的气调条件下贮藏可减轻低温引起的褐变。

气调贮藏有两种方式：

①标准气调库贮藏。这种气调贮藏方式，又称标准气调（CA）。采用这种方式，须建设库房，其土木建筑和冷库相同，必须有良好的隔热、防水性能，也必须有足够的冷却表面，以保证库内的高湿度和气体循环，以便使入贮果品迅速冷却。同时，还要设置严格的气密层（或称隔气层）。气调的机械设备，除制冷系统外，还要有调气系统，常用的设备有制氮机、二氧化碳脱除器和乙烯脱除设备等。

②自发气调贮藏。这种气调贮藏方式，是利用冷库的环境，采用塑料薄膜袋、塑料大帐等方式，以小包装为主，调节微环

境，使每个小包装具有一定的密封性，靠果实自身的呼吸特性，改变袋内原有的气体成分比例。在大气中，氧含量为21%，二氧化碳含量为0.03%。在一定的时间内，果实吸收氧气，放出二氧化碳，使小包装内的气体成分趋近于抑制果实呼吸强度的浓度，使果实呼吸减缓，起到延迟衰老的作用。

塑料小包装袋可采用0.03～0.04毫米厚的聚乙烯材料，或无毒聚氯乙烯薄膜制作。因为薄膜有一定的透气性，在短时间内，可以维持适当的低氧和高二氧化碳浓度，且不至于达到有害的程度。这种气调方式简便实用，在杏果短期贮藏、远途运输或零售时，都可采用。

（3）冷冻贮藏　供冷冻贮藏的杏，以色泽好、风味佳、肉质嫩而致密、表面光滑和不易褐变的品种为宜，于杏果八成熟时采收为好，尽量做到当天采收当天加工冷冻。杏进厂后，经过清洗、选剔、切半去核、再洗后，在90℃左右热水或蒸汽中烫漂一次，或在亚硫酸氢盐液中浸渍，或加用维生素C进行处理。较硬的果实在热水或蒸汽中烫漂3～4分钟，以原料烫透而不熟为好。稍软的果实，以二氧化硫处理为宜，以免味道变淡（二氧化硫的残留量不可超过0.01～0.75毫克/千克）；维生素C可加入到装罐的糖浆中，用量为0.05%～0.1%。

处理后的杏，可以加入糖浆后进行包装，或用3份杏对1份干糖，然后装入容器；在吹风冷冻或接触冷冻条件下进行冷冻。

（4）减压贮藏　减压贮藏，又叫低压贮藏，是气调贮藏的改良方法。主要是降低贮藏环境中的气体压力，也包括降低果实本身释放的乙烯气体的压力（浓度），使贮藏环境保持恒定的低压。果实放在耐压密闭的容器中，抽出部分空气，使内部气压降至一定量，并在整个贮藏过程中不断换气。换气可通过真空泵、压力调节器和加湿器实施，使贮藏容器内的空气维持新鲜、潮湿的状态。由于空气减少，氧的分压低，抑制了果实的呼吸，少量生成的乙烯也随之不断排除。减压结束，取出果实置于空气中时，最初香气较少；在20℃条件下贮放一定时间后，即可达到果实固有的风味。

四、杏果的加工

（一）杏脯

1. 普通杏脯

（1）工艺流程　原料选择→清洗→切分、去核→熏硫→糖煮、糖浸→烘烤、整形→包装。

（2）技术要点

①原料选择　适于加工杏脯的品种应是大果、肉厚、质地细、粗纤维少、肉色金黄或橙黄、离核、杏味浓厚的品种。串枝红、大红袍等就是加工的优良品种。而果顶先熟、缝合线后熟（青沟）或近核处先熟的品种，均不适于加工杏脯。供制脯的杏应在八成熟时（绿色退去，但果肉尚硬）采收。拣除生青果、病虫果、伤残果和软烂果。

②清洗、切分、去核　用清水将果实表面冲洗干净后，再用不锈钢小刀沿缝合线将杏果切成两半，去除杏核，对成熟度较小的可用双手拧开（切半后所得两片杏肉称为“杏碗”或“杏坯”）。也可在切半机上切半挖核。然后在98℃的6%～8%的氢氧化钠溶液中处理30～50秒去皮，再用清水洗净。也可带皮制作杏脯。

③熏硫或浸硫　将杏碗核窝朝上摆在烘盘上，在杏片含水量不足时，可洒少量清水，以湿润表面为度，然后送入熏硫室熏硫3～4小时。每100千克杏用硫磺0.3～0.5千克，熏至果肉成淡黄色，微透明时即可。也可用0.2%～0.3%的亚硫酸氢钠溶液浸泡杏片1～2小时。

④糖煮和糖渍　第一次将30%浓度的糖液煮沸，倒入杏肉后再煮沸。然后，将糖液连杏肉全部倾入缸中，浸渍10小时左右。第二次将糖液浓度调至40%，煮沸后再将杏肉倒入，再沸腾后，将糖液和杏肉一同倾入缸中，浸渍10小时左右。

⑤烘烤和整形　第一次烘烤：捞出杏片，沥去糖液，将杏碗朝上平摆在烘盘上，在60～70℃的温度下烘烤8～12小时后进行整形，将杏碗捏成扁平形，对不规则的加以修整，使其成规则的近圆形。第二次烘烤：在60～65℃的温度下再次烘烤，至杏肉含水量降至18%～20%，表面不粘手为止。在烘烤过程中注意温度不可过高，并应翻动1～2次，以避免焦煳。

⑥包装　待杏脯冷却后，按规格（250克、500克）装入塑料薄膜食品袋中，再装入包装纸箱内，以免成品回潮。

（3）质量要求

①色泽金黄或橙黄，无杂色，半透明。

②形状圆整，薄厚一致。

③质地柔软而有韧性，不粘手，不返糖（无糖结晶）。

④甜酸适口，有杏果的独特香气。

⑤含糖55%～65%，含水18%～20%，含硫（以二氧化硫计）不超过0.2%，无杂质，重金属离子和微生物符合食品卫生标准。

2. 低糖杏脯

（1）工艺流程　原料选择→漂洗→熏硫→晾晒→去核整形→再晾晒→清洗→回软→分级包装。

（2）技术要点　低糖杏脯与普通杏脯各工艺流程的区别为：

①原料选择　果实含糖量高，于九成熟时采摘最佳。

②熏硫　硫磺用量为果实鲜重的0.2%～0.3%，密封熏硫8小时至10小时。

③晾晒　经熏硫的杏果自然晾晒，避免阳光直射。

④去核整形　鲜杏在水分脱去30%～40%时去核整形。

⑤再晾晒　去核后的果实再晾晒3～4天，使其含水量降到11%～13%左右为止。

⑥回软　清洗回软使杏脯含水量保持在20%～22%。

经过以上工艺加工出的杏脯色泽为黄色或金黄色，杏脯肉质厚，表面不粘连，含糖量在38%～50%之间。

（二）糖水杏罐头

1. 工艺流程　原料选择→清洗→切半、去核→去皮→修整→预煮→分级、装罐→排气→封罐→杀菌、冷却→成品。

2. 技术要点

（1）原料选择　适于加工糖水罐头的杏，应是个大（直径不小于35毫米）、圆整、肉厚、肉质细而韧、粗纤维少、果肉金黄色、离核、杏味浓厚的品种。如串枝红、红玉杏、山黄杏、鸡蛋杏和冀光等，都是加工糖水杏的优良品种。白肉、黏核和水分大的品种不宜加工糖水罐头；内熟型（果实由近核处先熟）和缝合线处迟熟的品种，也不适于制罐。此外，果肉颜色过深（如橙红色的品种），制成罐头后，粗纤维非常明显，影响外观品质，也不宜用于加工糖水罐头。

用于制罐的杏，应在八成熟时采收。拣除病虫果、伤残果、过生或过熟果，果面有较大伤疤（雹伤、日灼伤等）者也应剔除。

（2）清洗、切半、去核　用清水将果实表面冲洗干净。用不锈钢小刀沿缝合线切分，拧开，挖出杏核。也可用去核机分瓣去核。分瓣后的杏肉可暂时置于1%～1.5%的食盐水中护色。

（3）去皮　将杏肉在98℃的6%～8%氢氧化钠溶液中处理30～50秒钟。处理时，要不断搅动，使去皮一致、彻底。捞出后尽快用清水冲洗干净。碱液浓度和处理时间，视果实成熟度而定。成熟度较高时，宜高浓度、短时间，反之，则可用较低浓度，并要延长处理时间。处理原则以去皮干净且不使果肉软烂为度。进行整果处理时，也应适当降低碱液浓度而延长时间；否则，缝合线处的果皮不易去除干净。

（4）修整　去皮的杏果或杏块，用清水洗净后置于1%～1.5%的食盐水中护色，并用小刀剔除残留果皮、果面疵点、果柄、果尖和毛边等，使果面和核窝整齐、光滑。

（5）预煮、装罐　将经修整的杏块放在沸水中煮3～6分钟，以煮透（手感里外均有弹性）而不软烂为度。然后，将杏块按大小、色泽、成熟度分开装罐，剔除过生或过熟软烂杏块。有真空封罐设备的，可免去预煮程序，直接生装。装罐时要将杏碗朝下或朝里，以达到美观之目的。每瓶装杏块330克，25%～35%的糖水200克。糖液面离瓶口3～5毫米为宜。装罐用的玻璃罐、盖及胶圈，要提前放在沸水中煮5分钟杀菌。

（6）排气　将装好杏块和糖水的玻璃罐，放入排气箱内，瓶盖虚盖，通入蒸汽加热，时间10分钟左右，使罐中心温度达到85℃以上，排气完成后立即封盖。

（7）封盖　罐盖要放正（最好倒转一下，以确保放正），压紧，用封盖机封盖。真空封罐时，真空度应不低于54千帕（400毫米汞柱）。

（8）杀菌、冷却　将封好盖的罐头，放入沸水中杀菌10～20分钟。然后，将罐头分段放在水中（80℃、60℃、40℃）冷却，至罐中心温度降到40℃以下。不可一次用冷水降温，以防炸罐。

（9）入库和质检　擦去罐头表面水分，放在20℃左右的仓库内。贮放1周后，进行敲检，发现有密封不良者（胀罐）应及时剔除。检验合格的罐头，贴上商标，装箱入成品库。

3. 质量要求

（1）果肉呈黄色或橙黄色，同罐中色泽一致。糖水透明，允许有不引起混浊的少许果肉碎屑。

（2）杏肉组织软硬适度，块形或果形（整果罐头）完整。同罐内杏块大小一致，无机械伤及虫害斑点。

（3）具有品种的特有风味，酸甜适口，无异味。

（4）果肉占净重的55%以上，糖水浓度为14%～18%（折光度）。

（5）重金属和微生物含量符合食品卫生标准。

（三）杏话梅

1. 工艺流程　原料选择→清洗→腌渍→漂洗→晾晒→煮沸浸渍→晾晒→包装。

2. 操作要点

（1）原料选择　选用肉厚、核小、果个不大（40～60个/千克）但均匀一致、味浓烈、酸味大（但无苦涩味）的黄杏品种，黏核、离核均可，于七八成熟时采收。去除病虫果、伤残果、腐烂果和过熟果。

（2）清洗和腌渍　将果实用清水冲洗干净。然后先在锅中加清水5千克、食盐4千克、明矾200克，搅拌均匀，使其溶化，再将100千克杏倒入，拌匀后腌制1天。

（3）漂洗和晾晒　将腌渍好的杏捞出，用清水漂洗干净，沥干水分。然后将其置于筛盘上，晾晒1天，以杏皮起皱时为度。

（4）煮沸浸渍　先在锅中加入白砂糖15千克、清水20千克、甘草300克，然后将晾晒好（鲜重时100千克）的杏倒入锅中，大火煮沸后，改用小火煮25～30分钟，之后再加白砂糖5千克，再煮10分钟，待料汁变浓后撤火，让杏在料汁中浸渍2～3小时，其间经常翻动，直到料汁全部被杏吸收完为止。

（5）晾晒　捞出杏沥干汁液后，匀摊于筛盘上，用食盐1千克溶于3千克的清水中，均匀喷洒于杏上，再晾晒半天，待杏八成干时即可。

（6）包装　将八成干的杏堆在一起，倒入100毫升的香草香精，用塑料食品袋包装。一般每袋装25克，装好后立即烫封，外加包装纸箱。

3. 质量要求

（1）大小均匀一致，表面起皱纹，并有白霜。

（2）红褐色，咸中带酸，微有甜味，无异味。

（3）含水量16%～18%，含盐2.3%～3%。

（4）重金属和微生物含量符合食品卫生标准。

（四）杏干

1. 工艺流程　原料选择→清洗→切半、去核→熏硫→干制→回软→包装。

2. 技术要点

（1）原料选择　选用个大、黄肉、离核、肉厚而致密、干物质含量高、粗纤维少、香气浓的品种。新疆的阿克胡瓦里、卡拉胡瓦里、克孜尔达拉斯和克孜尔苦曼提，陕西的迟梆子，山东的窜角滚子等，都是加工杏干的优良品种。果实粗纤维多，有苦涩味的品种不宜加工杏干。杏果宜于八九成熟时采收。去除病虫果、伤残果和腐烂果，按果实大小分级。

（2）清洗与切半去核　用清水将杏果冲洗干净，用不锈钢小刀沿果实缝合线切成两半，挖出杏核。切分时割口要环状、整齐，不可用手捏开去核。剔除虫蛀和腐烂果。

（3）熏硫　将杏碗核窝向上均匀摊放在筛盘上，不可重叠。熏硫前先用3%的食盐水喷洒杏片（防止变色和节省硫磺用量），然后将杏片送入熏硫室，熏硫3～4小时，熏至杏碗内有水珠、杏肉透明时即可。硫磺用量为每100千克杏片300克。

（4）干制　杏果干制，有自然干燥和人工烘干两种方法。

①自然干制　将熏硫后的杏碗，放在竹匾上或晒场上，置于阳光下暴晒，晒至五至七成干时，叠置阴干。至含水量为16%～18%，干燥率约为5∶1。自然干制的杏干，形状一致，颜色深橙，果干片中常有紫红色红晕，有光泽，质地均一，凹陷皱缩不严重。

②人工干制　将熏硫后的杏碗置于烘盘上，送入烘房，烘房初始温度为50～55℃，逐渐升温，终温不超过70℃，烘制10～20小时。

一般人工脱水干制的杏干，为浅橙色至柠檬色，光泽差，果实凹陷，特别是核洼处更甚，但营养成分保留较好。其改进方法

为：将杏干制一段时间后，用蒸汽烫漂，然后再干燥至规定的含水量。这样的人工干制品，既有很高的营养价值，又有较好的外观形态和浓厚的杏果风味。

(5) 回软　将干燥后的杏干装入木箱中，使其回软，达到水分内外均匀即可，一般需 3～4 天。

(6) 包装　按大小、厚薄和色泽进行分级，剔除碎片和色泽不良者，用塑料食品袋进行防潮包装。

3. 质量要求

(1) 块形整齐，色泽鲜亮，橙黄色，半透明，质地柔软有弹性。用手紧握后能自然松开，彼此不粘连。

(2) 含水量不高于 16%～18%，用手捏无汁液渗出。含硫量不超过 0.1%。

(3) 重金属和微生物含量符合食品卫生标准。

(五) 杏酱

1. 工艺流程　原料选择→清洗→切半、去核→软化→打浆→浓缩→装罐→封口→杀菌→冷却。

2. 技术要点

(1) 原料选择　宜选用肉厚的黄杏。白杏不宜加工杏酱。果个大小不限，但要求核小，以提高原料利用率。杏果风味要浓厚，粗纤维少。果胶含量多的杏品种适于制酱。如串枝红、二红杏和巴斗杏等都是加工杏酱的优良品种。加工杏酱的杏果，应在八九成熟时采收。采收过早，不仅酱体色泽浅淡，而且稀薄不黏；但也不可采收过晚，过熟制酱也不易形成凝胶状。剔除虫果和霉变果。

(2) 清洗、切分、去核　用清水将果面冲洗干净，用不锈钢小刀沿缝合线将杏果切开，也可徒手捍开，取出杏核，剔去表面的斑疤，放入 1%的盐水中护色。

(3) 去皮　可用碱液去皮，即配制 20%氢氧化钠溶液，在 80℃温度下浸泡 1～2 分钟，捞出立即用流动水搓洗，去除皮屑，切半浸入清水中。

(4) 软化　将杏块加水（其水为果肉重的 1/3），加热煮沸 2～3 分钟，要不断翻动，至果肉变软为度。

(5) 打浆　用孔径为 0.7～1.0 毫米的打浆机打浆 1～2 遍。

(6) 浓缩　按果浆重量的 50%分批加入精制的白砂糖。加热浓缩至可溶性固形物含量达 50%时，停止加热。有时可加入适量甜蜜素。浓缩过程中，要不断搅动，以免焦煳。

(7) 装罐　趁热将果酱装入玻璃瓶中（要求装罐时酱体温度不低于 85℃），除去瓶口的残留果酱。

(8) 封口　装罐后，立即封口，注意瓶盖要放正（最好倒转一下，以使其旋纹对接），封严密。封口时温度不低于 70℃。

(9) 杀菌、冷却　封口后放入 100℃水中杀菌 15 分钟，然后采用分段（80℃、60℃、38℃）冷却法冷却至 38℃。

3. 质量要求

(1) 酱体呈金黄色或浅黄色，有光泽，且均匀一致。

(2) 细腻成胶黏状，能徐徐流散，无杂质，无糖结晶。

(3) 具有杏果酱应有的香气和风味，甜酸适口，无杂质，无焦煳味。

(4) 可溶性固形物含量 50%，总糖量 40%左右，每 100 克含维生素 C 为 3 毫克。

(5) 重金属和微生物含量符合食品卫生标准。

(六) 杏汁

1. 工艺流程　原料选择→清洗→切半、去核→软化→打浆→调配→均质→加热→装罐→杀菌→冷却。

2. 技术要点

(1) 原料选择　选择酸度稍高、杏香气浓烈、取汁容易、出汁率高、离核的黄杏品种。制作杏汁的杏果应在充分成熟时采收，剔除病虫、腐烂果。

(2) 清洗、切分去核　用清水将果面洗净。然后用不锈钢小

刀沿缝线切开，取出杏核，切除杏肉上的疵点、疤痕和残留果梗等，杏肉在1%～1.5%的食盐水中护色。

(3) 软化　将55千克过滤后的糖液（浓度22.5%）加热至沸，然后倒入45千克杏肉，煮3～10分钟，随时搅拌，使杏片充分软化。

(4) 打浆　用筛孔径为0.5～1毫米的打浆机连续打浆两遍，用纱布过滤，去除渣滓和粗纤维。

(5) 调配　用滤过的糖浆（浓度70%）调整果汁的糖度至17%，用柠檬酸调整果汁的酸度到0.5%。

(6) 均质　调配好的杏汁，在140～180千克/厘米^{2}或20～30兆帕的压力下进行均质。

(7) 装罐　均质后的杏汁在双层锅中迅速加热至75～80℃，搅拌均匀去除泡沫，趁热立即装入预先消毒的抗酸涂料的马口铁罐或玻璃瓶中，装罐温度不低于70℃，装罐后立即密封。

(8) 灭菌、冷却　将罐或瓶在沸水中灭菌10分钟左右。灭菌后铁罐迅速冷却至37℃，玻璃瓶要分段冷却。

3. 质量要求

(1) 杏汁深黄色或橙黄色。

(2) 具有杏鲜果的固有风味和香气，无异味。

(3) 汁液混浊均匀不分层，无杂质，久置之后允许有少量沉淀。

(4) 原果汁含量不低于45%，可溶性固形物含量15%～20%，总酸0.5%～1%（以苹果酸计）。

(5) 重金属和微生物含量符合食品卫生标准。

五、杏仁的加工

(一) 杏仁罐头

1. 工艺流程　原料选择→热烫去皮→脱苦处理→装罐→注调味汤汁→排气→封罐→杀菌→检验→成品。

2. 操作要点

（1）原料选择　一般用苦杏仁，去掉虫伤、霉变者及杂物，选用颗粒完整、饱满、整齐、干燥、仁肉洁白的杏仁。

（2）原料处理　将苦杏仁放在沸水中煮1～2分钟，转入冷水中冷却，用手工或机器等去皮，用力要适当，以保持仁粒完整。然后用60℃左右的温水浸泡7天，每天换水1～2次。

（3）装罐　将处理好的杏仁沥净水分，挑出破碎粒后称重装罐。胜利瓶每瓶装240克。

（4）注调味汤汁　将生姜100克、小茴香20克，加适量水用文火熬煮1小时，过滤后，再加入精盐10千克、味精100克、防腐剂（山梨酸钾）50克，待它们完全溶解后，加水至总重量为260千克左右，再用柠檬酸调整pH至5.0～5.5，每瓶装入汤汁260克左右，以液体达到瓶顶0.5厘米为好。

（5）排气与封罐　加热使罐内中心温度升至75℃后，立即封罐。如采用真空封罐，则真空度维持在533.28帕左右。

（6）杀菌及冷却　采用10—30—5分钟/100℃杀菌，然后分段（80℃、60℃、37℃）冷却。

（7）检验　冷却至37℃左右，保持5～7天，检验合格后即为成品。

3. 质量要求　杏仁瓣完整、白洁、脆硬、无腐烂。汁液清澈、无沉淀、无异味。

（二）杏仁露（乳）

1. 工艺流程　原料选择→热烫去皮→脱苦处理→预煮→研磨→调配→均质→灌装→密封→杀菌→冷却→成品。

2. 操作要点

（1）原料选择　采用无霉变、无虫蛀、无氧化褐变的苦杏仁，除去杂质。

（2）热烫去皮　将杏仁在沸水中煮1～2分钟，捞出后沥干冷却，用手工或机械等方法去皮，去皮后的杏仁置于0.5%氯化钠（NaCl）+0.02%硫酸钠（Na_2SO_4）溶液中浸泡护色。

（3）脱苦处理　将去皮后的杏仁在60℃的温水中浸泡7天，每天换水1～2次。

（4）预煮　将杏仁在70～80℃的热水中预煮10～15分钟，使其软化，然后护色4小时。注意预煮车间通风。

（5）研磨　经护色的杏仁再用清水漂洗两次，按水：杏仁为15：1的比例进行磨浆，磨浆机筛孔为0.8毫米。

（6）调配　杏仁浆50%，白砂糖8%，柠檬酸适量，其余为清水。

（7）均质　用胶体磨均质3次，以确保产品的稳定性。

（8）密封　将均质后的杏仁汁灌入250毫升的玻璃瓶中或易拉罐中，及时封盖。

（9）杀菌　采用10—20—10分钟/100℃杀菌。

（10）冷却　先用50～60℃温水冷却，再用20～30℃水冷却。

（三）杏仁粉

1. 工艺流程　原料选择→热烫去皮→浸泡脱苦→预煮→磨浆→冷却→调配→均质→冷却→浓缩→喷雾→干燥→成品。

2. 操作要点

（1）原料选择　采用无霉烂、无虫蛀、无氧化褐变的苦杏仁，除去杂质。

（2）热烫去皮　将杏仁在沸水中煮1～2分钟，捞出沥干冷却，用手工或机械等方法去皮，去皮后的杏仁放入0.5%氯化钠+0.02%硫酸钠溶液中浸泡护色。

（3）浸泡脱苦　将去皮后的杏仁放入60℃的温水中浸泡7天，每天换水1～2次。

（4）预煮　在70～80℃的热水中预煮10～15分钟，使杏仁软化，然后护色4小时。注意预煮车间通风。

（5）磨浆过滤　将预煮过的杏仁放在砂轮磨浆机中粗磨，同时加入3～5倍的水，磨至均匀浆状时移至胶体磨中精磨，此时加入0.1%的焦磷酸盐和亚硫酸的混合液，以防变色。再精磨5～6分钟，成为均匀乳状液时，放入离心甩浆机进行离心过滤，也可用160目的筛网过滤。

（6）调配　在过滤后的乳状液中加入适量的白砂糖、柠檬酸等进行调配，并搅拌均匀。

（7）均质　为保证产品的稳定性，防止沉淀，采用高压均质，均质压力为180～200千克/厘米^2。

（8）成品制备　将均质后的杏仁浆送入真空浓缩锅中，在82 658.4～93 324帕下浓缩，然后送入喷雾机内进行喷雾干燥，即为成品。

附表 1　常用有机肥的主要养分含量、性质及施用要点

名称	有机质（%）	三要素含量（%） N	P_2O_5	K_2O	性质及施用方法
人粪尿	5～10	0.5～0.8	0.2～0.4	0.2～0.3	肥分高、速效、微碱性，腐熟后施用。可做基肥或追肥
猪厩粪	25	0.45	0.19	0.60	肥分较高、均衡，迟效、微碱性。堆积腐熟后作基肥
羊厩粪	31.4	0.83	0.23	0.64	肥分高、热性、分解快、肥效长，尿碱性。堆积腐熟后作基肥
马厩粪	25.4	0.58	0.28	0.53	发酵快、热性、劲短，尿碱性。堆积腐熟后作基肥
牛厩粪	20.3	0.34	0.16	0.40	冷性、迟效、尿碱性，不易腐熟。堆积腐熟后作基肥
鸡粪	25.5	1.63	1.54	0.85	肥分高、迟效，易发热，过多或鲜粪可烧坏根系。堆积腐熟后作基肥或追肥
鸭粪		1.10	1.40	0.62	肥分较高、迟效，易发热，过多或鲜粪可烧坏根系。堆积腐熟后作基肥或追肥
塘泥		0.20	0.16	1.00	
沟泥		0.44	0.49	0.56	
河泥		0.29	0.36	1.86	
一般堆肥		0.4～0.5	0.18～0.26	0.45～0.70	微酸性，迟效。作基肥
草皮堆肥		0.10～0.32			
绿肥沤肥		0.21～0.40	0.14～0.16		
玉米秸		0.60	0.20	0.60	

附表 2　无公害果品限量使用化肥的有效成分含量及性质

类别	名称	分子式	含量（%）			性　质
			N	P_2O_5	K_2O	
氮肥	硫酸铵	$(NH_4)_2SO_4$	20～21			白色结晶、易溶于水、吸湿性小
	碳酸氢铵	NH_4HCO_3	17			白色细粒结晶、有强烈氨臭味，易溶于水，水溶液碱性，易吸湿、分解损失
	氨水	$NH_3 \cdot H_2O$ 及 NH_4OH	12～16			液体，碱性，易挥发，腐蚀性强。可在旱地作基肥和追肥，但要开沟深施
	尿素	$CO(NH_2)_2$	46			白色结晶，易溶于水，吸湿性弱，可用于叶面施肥
磷肥	过磷酸钙	$Ca(H_2PO_4)_2 \cdot H_2O$	12～18			灰白色粉末或颗粒，酸性。溶于水，有吸湿性，吸湿后会使水溶性磷变为不溶性磷
	重过磷酸钙	$Ca(H_2PO_4)_2 \cdot CaHPO_4$		40～52		深灰色粉末或颗粒，酸性。易溶于水，不含石膏。吸湿性和腐蚀性较过磷酸钙强
	钙镁磷肥	$\alpha-Ca_3(PO_4)_2$		14～19		灰绿色或灰棕色，不溶于水，不潮解，不结块，宜作基肥
	磷矿粉	$Ca_5F(PO_4)_3$		10～25		褐色粉末，中性至偏微碱性，不溶于水和弱酸，迟性
钾肥	硫酸钾	K_2SO_4			48～52	白色或淡黄色结晶，速性，吸湿性轻，不结块，生理酸性
	重碳酸钾	$KHCO_3$			47	白色结晶，生理中性
	草木灰	K_2CO_3、K_2SO_4、KCl 等			5～10	深色，含水溶性钾较高，浅色含水溶性钾低，溶于水，速效，碱性。不宜与硫酸铵、人粪尿混用，以免造成铵态氮挥发

（续）

类别	名称	分子式	含量（%）			性　　质
			N	P_2O_5	K_2O	
复合肥	磷酸二铵	$(NH_4)_2HPO_4$	21	46～53		微碱性。为水溶性，易被作物吸收，无副成分，略有吸湿性
	磷酸二氢钾	KH_2PO_4		24	27	白色或灰白色粉末，吸湿性小，易溶于水，微酸性，速效，可用于叶面追肥
	磷、钾复合肥			11	3	
	氮、钾复合肥		14		16	
	三元复合肥		10	10	10	

附表 3　常用微量元素肥料的含量和溶解性

种类	名称	主要成分	含量（%）	溶解性
铁肥	硫酸亚铁	$FeSO_4 \cdot 7H_2O$	19～20	易溶于水
	硫酸亚铁铵	$(NH_4)_2SO_4 \cdot FeSO_4 \cdot 6H_2O$	14	易溶于水
	螯合态铁	NaFeEDTA	5～14	易溶于水
硼肥	硼酸	H_3BO_3	11	易溶于水
	硼砂	$Na_2B_4O_7 \cdot 10H_2O$	0.5～2	40℃水中易溶
	硼泥	含 B、Mg、Ca 等	17.5	部分溶于水
锰肥	硫酸锰	$MnSO_4 \cdot 7H_2O$	24～28	易溶于水
	螯合态锰	MnEDTA	12	易溶于水
锌肥	硫酸锌	$ZnSO_4 \cdot 7H_2O$	23～24	易溶于水
	螯合态锌	$Na_2ZnEDTA$	14	易溶于水
铜肥	硫酸铜	$CuSO_4 \cdot 5H_2O$	24～25	易溶于水
	螯合态铜	$Na_2CuEDTA$	13	易溶于水

附表 4 无公害杏病虫害防治历

时间	物候期	防治对象	防治措施
上年 12 月份、1～3 月	休眠期	杏疔病、细菌性穿孔病、山楂红蜘蛛、桃小食心虫、杏球坚蚧、桑白蚧、龟蜡蚧、蚜虫、杏仁蜂等	① 清扫果园的枯枝落叶，剪除病枝、枯枝和病叶，清除树上、树下的病果和僵果，集中处理 ② 于萌芽前刮除流胶病块，用杀菌剂涂抹病斑 ③ 早春刮除老树皮，集中处理 ④ 耕翻土壤，树干涂白 ⑤ 刷除枝条上的介壳虫
2 月下旬至 3 月中旬	萌芽前至芽萌动初期	疮痂病、褐腐病、细菌性穿孔病、杏疔病、流胶病、桑白蚧、球坚蚧、龟蜡蚧、山楂红蜘蛛	喷 3～5 波美度的石硫合剂，介壳虫严重的果园喷 5% 机（柴）油乳剂 100 倍液
3 月下旬至 5 月中旬	落花期到幼果期	疮痂病、褐腐病细菌性穿孔病、蚜虫、桑白蚧、球坚蚧等	① 喷 70%甲基托布津 800 倍液，或 80%多菌灵 1 200～1 500 倍液，或 70%代森锰锌 500～800 倍液。交替用药 ② 细菌性穿孔病 喷 72%农用链霉素 3 000 倍液，或硫酸链霉素 3 000～4 000 倍液等。交替用药 ③ 喷 10%吡虫啉 3 000～5 000倍液+4.5%高效氯氰菊酯1 500～2 000 倍液
5 月下旬至 7 月	采收前 20 天或采收后	山楂红蜘蛛、杏球坚蚧、龟蜡蚧、桃小食心虫、桃蛀螟、毛虫类、天牛等	① 喷 1.8%齐螨素乳油 4 000～5 000 倍液，或 0.3%苦参碱水剂 800～1 000 倍液，或 15%哒螨灵 2 000～3 000 倍液 ② 喷 48%乐斯本乳油1 500 倍液

（续）

时间	物候期	防治对象	防治措施
5月下旬至7月	采收前20天或采收后	山楂红蜘蛛、杏球坚蚧、龟蜡蚧、桃小食心虫、桃蛀螟、毛虫类、天牛等	③ 喷30%桃小灵乳油2 000～2 500倍液，或灭幼脲3号胶悬剂1 500～2 000倍液 ④ 涂白涂剂防治天牛（主干基部）和小蠹虫产卵（树干） ⑤ 捕捉天牛成虫 ⑥ 用糖醋液诱杀天牛等害虫的成虫 ⑦ 利用性诱剂进行虫情测报
7～10月	果实采收后至落叶前	叶部病害、桑白蚧、龟蜡蚧、天牛、小蠹虫、刺蛾类、毛虫类等	①喷速克蚧1 000～1 500倍+80%多菌灵1 200～1 500倍液（或70%甲基托布津800倍液） ② 喷80%敌敌畏乳油1 000倍液，或2.5%功夫2 000～2 500倍液 ③用敌敌畏棉球防治天牛
10～11月	落叶期	杏病、虫	清除园内落叶、落果、僵果及杂草，集中处理

主要参考文献

[1] 张加延等．中国果树志·杏卷．北京：中国林业出版社，2003

[2] 吕增仁．杏树栽培与杏加工．北京：科学技术文献出版社，1990

[3] 刘威生．李树杏树良种引种指导．北京：金盾出版社，2005

[4] 冯建国等．无公害果品生产技术．北京：金盾出版社，2000

[5] 李生才等．果蔬无公害综合用药技术精要．北京：中国农业科技出版社，2001

[6] 汪景彦．果园生草覆盖制势在必行．果树实用技术与信息．2007（10）：4～6

[7] 杨艳萍．谈谈果园测土配方施肥技术．甘肃林业．2003（3）：39～40

图书在版编目（CIP）数据

杏优良品种及无公害栽培技术/赵习平主编.—北京：中国农业出版社，2009.4
（绿色果品生产丛书）
ISBN 978-7-109-13439-3

Ⅰ.杏… Ⅱ.赵… Ⅲ.①杏—优良品种②杏—果树园艺—无污染技术 Ⅳ.S662.2

中国版本图书馆CIP数据核字（2009）第025809号

中国农业出版社出版
（北京市朝阳区农展馆北路2号）
（邮政编码 100125）
责任编辑 贺志清

中国农业出版社印刷厂印刷 新华书店北京发行所发行
2009年6月第1版 2009年6月北京第1次印刷

开本：850mm×1168mm 1/32 印张：7.25 插页：2
字数：180千字 印数：1～6 000册
定价：16.00元